JN457773

예제로
쉽게 풀어 쓴

전기 전자 원리

김선일, 박종관 공저

도서출판 명진

preface

이 책은 제목에서 암시하듯 전기전자원리에 관한 이론을 예제를 이용하여 쉽게 풀어 쓴 책이다. 일반적으로 얘기하는 회로에 관한 이론을 전기전자원리라고 언급하여 딱딱하고 원리적인 냄새를 제거하였다. 대부분의 책들은 아주 두꺼운 분량에 모든 것을 다 담으려 한다. 책도 두꺼울 뿐더러 가격도 비싸며 그 내용을 다 배우지 못해서 비효율적이다. 그런 책은 도서관에 있으면 된다. 필요한 부분을 도서관에서 찾아서 그 부분만 보면 되기 때문이다.

하지만 회로에 관한 기초적인 부분만 공부하려 한다면 이 책을 권하고 싶다. 본 교재에는 필요 없는 군살을 제거하고 한 학기에 배울 수 있는 부분만 엄선되어 들어가 있다. 다년간 가르쳐 본 경험을 토대로 전기 분야를 전공하지 않는 학생, 즉 전자통신 분야나, 전자분야, 컴퓨터 관련 전공자로서 기본적인 전기 회로를 이해하고자 하는 학생들은 여러 학기에 걸쳐 광범위한 이론을 배울 필요가 없다. 기본적인 회로의 이해와 해석을 통해 전기 및 전자의 원리를 익히기만 하면 전공과 관련된 다른 과목들을 수강하는데 전혀 문제가 없다.

따라서 필요 없는 부분을 제거하고 각 이론들에 대해 예제를 통해 쉽게 풀이함으로써 깊은 수학적 배경 없이도 이해하고 머리에 쏙 들어올 수 있도록 작성하였다. 따라서 전기전자원리에 관해 서술한 두터운 교재를 붙들고 도입부에서 더 나아가지 못하고 고생하는 학생들이나 어려운 교재의 방대한 양에 압도되어서 공부를 꺼려하는 학생들에게 이 교재는 부담 없이 다가와서 가려운 곳을 긁어줄 수 있는 양서가 되리라 믿는다.

저자 일동 씀

contents

contents

contents

contents

CHAPTER 1

1 전류, 전압, 저항이란 무엇인가?

전류나 전압, 저항이라는 말은 우리 주위에서 일상적으로 들을 수 있는 단어이다. 그 중에서도 전류나 전압이라는 말은 상당히 자주 듣고 쓰고 있지만 그 의미를 혼돈해서 쓰고 있는 단어들이다. 우리 자신을 포함하여 방송국의 리포터들도 그 의미를 혼동하여 "지금 220V의 전류가 흐르고 있습니다."라고 말하는 경우가 흔히 있다.

전류나 전압, 저항이라는 단어 외에 우리는 흔히 "전기"라는 말을 많이 사용하고 우리 주위에는 전기가 항상 존재하며 우리가 가정에서 사용하는 가전제품들은 전기를 이용하고 있다.

[그림 1-1] 간식거리가 가득한 냉장고

[그림 1-2] 정전기와 같은 원리로 발생하는 번개

우리가 전기를 직접 느끼는 경우는 상당히 드물다. 그러나 한겨울 건조한 날씨에 모피로 만들어진 옷을 입은 상태에서 악수를 한다거나 자동차 문을 열 때에 손 끝에서 느껴지는 기분 나쁘고도 섬뜩한 느낌은 바로 전기 그 자체이다. 밤에 이런 현상을 관찰하게 되면 시퍼런 불꽃이 손가락 끝에서 나가는 것을 볼 수 있다. 마치 무술영화에서 불을 내뿜는 것을 보는 것처럼 말이다. 우리가 경험하는 전기는 겨울철 전열기의 뜨거운 불빛이고 한여름 무더위를 식혀주는 선풍기의 회전과 에어컨의 찬바람이며 밤을 환하게 비춰주는 형광등, 맛있는 간식이 들어 있으리라는 기대감에 뒤지게 되는 냉장고, 재미있는 코미디 프로와 신나는 쇼 프로, 감동과 아쉬움을 함께 안겨주는 드라마를 볼 수 있는 텔레비전, 언제 어디서나 친구와 잡담을 나눌 수 있을뿐더러 심심할 때 만지작거리는 장난감으로도 사용될 수 있는 휴대폰이다.

전기는 이제 현대 문명으로 자리 잡고 있다. 전기 없는 현대 문명은 그 누구도 기대할 수 없을 것이다. 전기 없는 일상은 거의 원시 시대에 가깝다고 해도 과언이 아닐 것이다. 전기가 없으면 어두운 밤을 맞이할 것이며 재미있는 드라마를 볼 수 있는 밤도 더 이상 존재하지 않을 것

[그림 1-3] 전자제품으로 분류되어야 할 자동차

이며 아이들이 두세벌씩 내어놓는 빨래감을 소화하느라 어머니 손마디는 쑤시지 않는 곳이 없을 것이며 맛있는 간식이 그득한 냉장고는 꿈속의 그리움이며 10층, 20층 빌딩의 그 높은 계단으로 인해 무릎 관절은 삐걱대고 먼길을 현대판 축지법으로 달리게 해 주는 안락한 자동차도 더 이상 없을 것이다. 과거의 자동차는 기계장치였지만 현재나 미래의 자동차는 전자제어장치가 자동차의 모든 동작을 제어하게 되어 기계보다는 전자제어장치가 더 중요한 역할을 하게 되므로 더 이상 기계제품이 아니라 전자 제품으로 분류되어야 할 정도로 전기의 사용은 보편화되어 있다.

1-1 전 기

전기란 원래 그리스어로 호박이라는 의미를 가지고 있다. 기록에 남아 있기로는 기원전 6백년 경부터의 일이다. 그 당시 그리스 사람들은 장식품으로 사용하던 호박을 헝겊으로 문지르면 먼지나 실오라기 따위를 끌어당긴다는 것을 알고 있었던 것이다. 전기를 영어로 electricity라고 하는데, 이것은 그리tm어의 elektron에서 유래한 말로 본래는 호박을 의미한다. 호박은 송진이 오랜 기간 굳어져서 만들어지는 일종의 보석인데 우리의 전통 한복에서는 마고자의 단추 등으로 사용되어 왔다. 영화 "쥬라기 공원" 에서는 이 호박에 들어 있던 개미의 내장에서 공룡의 DNA를 추출해서 공룡을 만들어내는 이야기가 나온다. 번개도 구름에 모인 마찰 전기가 일으키는 불꽃이다. 우리 동양에서 쓰는 전기의 '電(전)'자는 실은 번개를 뜻하는 '雷(뇌)'자에서 유래한 것이다. 이때 이 전기를 정전기라고 한다.

작은 물질들을 끌어 잡아당기는 힘은 물질의 내부에 존재하는 서로 다른 극성을 갖는 입자들끼리 인력이 작용하기 때문인데 다른 극성끼리 끌어 잡아당기는 인력이나 같은 극성끼리 밀어내는 척력은 모두 에너지로서 이 에너지를 **전기**라고 한다.

전기를 말하려면 전류와 전압, 저항에 대해서 먼저 얘기해야 하고 이 세 가지 요소에 의해 전기가 결정된다.

1-2 전 류

전류를 말하려면 먼저 전자에 대해서 언급해야 한다. 모든 물질은 원자로 구성되어 있고 원자는 **그림** 1－4와 같이 원자핵과 그 주위를 일정한 궤도를 따라서 운동하는 전자로 구성되어 있다. 원자핵은 ＋ 극성을 띠는 양성자와 전기적으로 중성인 중성자로 구성되어 있고 전자는 －극성을 띠고 있다. 수소 원자의 경우 한 개의 전자가 핵 주위를 운동할 때 일정한 궤도를 따라서 돌고 있는 것을 볼 수 있다. 이것은 태양계에서 혹성이 태양의 주위를 운동하는 것과 유사하다. 첫 번째 궤도를 K

[그림 1-4] 원자의 구조

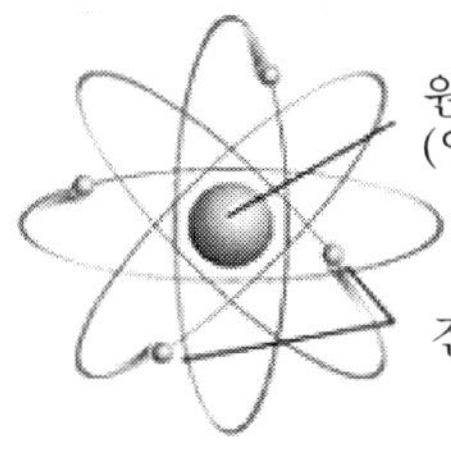

각, 두 번째 궤도를 L 각, 세 번째 궤도를 M 각, 네 번째 궤도를 N 각이라고 하는데 각 궤도 안에는 최대로 운동할 수 있는 전자의 수가 정해져 있다. n 이 궤도 번호라고 할 때 이 전자의 개수는 2n2 으로 계산할 수 있다. 즉

첫 번째 궤도에는 2개,
두 번째 궤도에는 8개,
세 번째 궤도에는 18개,
네 번째 궤도에는 32개 등이다.

구리 원자는 총 29개의 전자로 이루어졌는데

첫 번째 궤도에 2개
두 번째 궤도에 8개,
세 번째 궤도에 18개, 총 28 개가 들어가고
네 번째 궤도 M 각에 한 개의 전자가 들어가게 된다.

마지막 궤도에 32개가 들어갈 수 있음에도 불구하고 한 개의 전자만이 돌고 있기 때문에 구리원자의 마지막 궤도(최외각)는 불안정한 상태

를 유지하게 된다. 구리에서 많은 원자들이 인접하게 될 때 최외각의 전자들은 서로 쉽게 이동할 수 있게 되는데 이런 전자를 **자유전자**라고 부르고 원자와 원자 사이를 쉽게 이동할 수 있는 이 자유전자의 흐름을 **전류**라고 부른다.

▣ 도체와 부도체

자유전자도 전자이므로 − 극성을 띠고 있으며 물질에 따라 이 자유전자의 양이 다른데 자유전자의 양이 많으면 외부에서 + 극성을 들이대면 그 쪽으로 인력이 작용하고 − 극성을 가까이 하면 척력이 작용하여 많은 양의 자유전자가 척력에 따라 이동하게 된다. 이렇게 많은 양의 자유전자가 이동하게 되면 전류가 잘 흐르게 되고 이렇게 전류가 잘 흐르는 물질을 **도체**라고 한다. 반면에 자유전자의 양이 적은 물질은 인력이나 척력이 작용하여도 이동할 수 있는 자유전자의 양이 제한되어 있으므로 전류가 잘 흐르지 못하게 되고 이러한 물질을 **부도체**라고 한다.

▣ 전 하

어떤 물체가 +극성을 갖거나 −극성을 갖고 있으면 **대전 된 상태**라고 부른다. 대전된 상태에서 이 물질은 전하를 가진다고 얘기하고 이때 전자 때문에 대전되었다면 이 전하를 **음전하**라고 하고 전자가 빠져나간 양성자 때문에 대전되었다면 **양전하**라고 부른다. 따라서 전하란 대전된 물질 내에 존재하는 전기적인 성질을 띤 입자를 가리키는 말로 해석될 수 있다.

우리가 쌀의 양을 이를 때 한 되, 두 되 하듯이 전하도 측정 단위를 가지고 있는데 쿠울롱이 그 단위이다. 전하를 기호로 표시하면 Q 나 q

로 나타내고 단위 **쿠울롱**은 C로 표시한다.

$1C$은 6.25×10^{18}개의 전자가 갖는 전하량이나 6.25×10^{18}개의 양성자가 갖는 전하량으로 정의한다.

특정한 양의 전하가 특정한 시간동안 흘러갔다면 이것을 **전류**라 하고 I로 표시한다. 전류의 단위는 A로 표시하고 **암페어**라고 읽는다. 즉 T시간 동안에 Q 쿠울롱의 전하가 흘러갔다면 전류

$$I=\frac{Q}{T} \tag{1-1}$$

로 나타낼 수 있다. 이 때 단위는 A (암페어) 이다. 따라서 $1A$ 는 1초 동안에 $1C$의 전하가 이동한 것이다.

예제 1 - 1 exemple

10C의 전하가 2초 동안에 흘러갔다면 전류의 세기는 얼마인가?

✔풀이 $I=\frac{Q}{T}=\frac{10C}{2s}=5A$

▣ 전류의 방향

양성자는 중성자와 함께 원자핵의 형태로 존재하므로 무거워서 이동할 수 없다. 따라서 전류는 순전히 자유전자의 이동에 의해서 흐르게 되는데 전자는 같은 전자끼리 밀어내거나 양성자와의 인력에 의해 −극성을 가진 전자가 +극 쪽으로 이동하게 된다. 즉 전자는 −에서 +로 흐르게 된다. 그러나 과거부터 관습적으로 전류는 +에서 −로 흐른다고 해 왔기 때문에 관습을 존중해서 +에서 −로 흐른다고 얘기한다.

1-3 전 압

양전하와 음전하 사이에는 인력이 작용한다. 인력이 작용함에도 불구하고 음전하 즉 자유전자를 옮기는 데에는 상당한 에너지가 필요하다. 에너지를 들여 음전하를 이동시켰으므로 이것은 일에 해당한다. 양전하와 음전하가 서로 분리되어 있으므로 이 둘 사이에는 원래의 위치로 돌아가려는 에너지 즉 위치에너지, 다시 말하면 전위를 가지게 된다. 이 위치에너지의 차이를 **전위차**라하고 다른 말로 **전압**이라고도 한다.

이것은 물을 예로 들어 설명할 수 있다. 원자력 에너지는 석유를 사용하는 에너지처럼 불꽃의 세기를 마음대로 조절하기가 쉽지 않다. 따라서 원자력 발전소는 낮에 필요한 전력을 만들어 내게 되고 공장이 가동하지 않는 밤에는 이 전력이 남아돌게 되는데 이 남는 에너지를 이용하여 댐의 아래쪽에 있는 물을 위로 퍼 올려 두었다가 이 물을 이용하여 낮에 발전하면 전력을 효율적으로 사용할 수 있다. 이 때 물을 위로 끌어 올리는데 에너지가 필요하다. 끌어 올려진 물은 위치 에너지를 갖고 있다고 볼 수 있다. 위치 에너지란 어떤 물체가 갖는 위치에 의해서 일할 수 있는 능력을 갖게 되는 것을 의미한다. 조그마한 돌멩이를 바닥에 놓아두면 아무 일도 없지만 높은 선반에 올려 둘 경우에 그것이 떨어지면 방바닥을 찍거나 사람에게 해를 입힐 수 있는 것과 같은 이치이다. 댐에 끌어 올려진 물은 다시 떨어지면서 발전기를 돌려 에너지를 생산하게 된다. 따라서 전압은 선반에 올려진 돌멩이나 댐에 끌어 올려진 물과 같은 것이다. 전압이 높으면 많은 일을 할 수 있는 잠재적 능력을 갖게 되고 낮으면 적은 일 밖에 못하게 될 것이다.

따라서 전압은 전하가 일을 할 수 있는 능력이다. Q쿠울롱의 전하가 WJ(주울 : 일의 단위)의 일을 하였다면 전압 V는

$$V = \frac{W}{Q} \tag{1-2}$$

단위는 V(볼트)이다.

CHAPTER 1

예제 1 - 2 exemple

10 C의 전하에 3 V의 전압을 가하면 어느 정도의 일을 할 수 있나?

✔풀이 $W = VQ = 3 \times 10 = 30J$

▣ 전압원

전압원은 많은 물을 가두고 있는 댐과 같은 것이다. 댐의 수량이 풍부할 때 많은 에너지를 낼 수 있듯이 전압원이 많은 전자를 갖고 있거나 만들어 낼 수 있으면 훌륭한 에너지원이 될 수 있다. 이런 전압원에는 우리가 배터리라고 부르는 전지가 있고 끊임없이 전력을 생산하는 발전소가 있으며 태양 에너지를 전기 에너지로 바꾸는 태양전지 등이 있다. 배터리는 화학적으로 음전하를 분리해내고 이렇게 분리된 음전하가 도체를 타고 이동하면서 빛이나 열을 내고 사람들은 그런 현상을 이용하여 전구나 전열기를 만들어 사용하게 된다.

1-4 저 항

도체에 전류가 흐르면 자유전자는 도체 내를 운동하게 된다. 운동 중에 원자와 부딪히게 되는데 이 때 열이나 빛을 내게 되고 충돌이 많아질수록 자유전자의 활동이 부진하게 되고 결국은 전류의 흐름이 제한받게 된다. 전류의 흐름을 방해하는 이런 특성을 **저항**이라고 한다.

저항은 수돗물의 흐름을 제한하기 위해 수도꼭지가 하는 역할과 유사하다.

도체에 전류가 흐르면 자유전자가 이동하게 되므로 자유전자와 원자 사이에 충돌이 발생한다. 도체가 가늘 경우에 통로가 좁아서 충돌이 많이 생기게 되므로 저항이 커지고 도체가 길 경우에도 짧은 경우보다 진행 중에 원자와 부딪히는 횟수가 많아지므로 저항이 커지게 된다. 저항은 영어 Resistance의 첫 글자 R 로 표시하고 단위는 Ω(ohm:오옴)을 사용한다.

▣ 컨덕턴스

저항의 역수로 얼마나 전류가 잘 통하는지를 나타내는 값으로 컨덕턴스(Conductance)가 있다. 컨덕턴스 G 로 나타내고 단위는 예전에 쓰던 mho 가 있는데 이것은 ohm을 거꾸로 쓴 것이고 단위의 표시도 Ω을 뒤집어 쓴 형태로 쓴다.

새 방식은 **지멘스**(siemens)를 쓰는데 단위는 S를 사용한다.

$$G = \frac{1}{R} \tag{1-3}$$

▣ 저항기

특정한 저항값을 가지도록 만들어진 부품을 저항기라고 하는데 일반적으로 저항이라고 부른다. 저항에는 그 값이 고정되어 변하지 않는 고정저항과 특정 범위 안에서 저항값을 바꿀 수 있는 가변저항이 있다. 아래 그림에 여러 가지 형태의 저항이 나타나 있다. 리드(lead) 저항은 단자가 저항 양쪽에 삐죽이 나온 형태이며 칩저항은 아주 작은 칩 형태로 공간을 적게 차지하는 장점이 있다.

가변저항은 3개의 단자로 이루어져 있는데 양쪽 끝은 저항값이 고정되어 있어서 해당 가변저항의 최대 저항값에 해당되고 가운데 단자와 양쪽 끝 단자 중 하나 사이의 값이 가운데 축을 회전함에 따라 변하게 된다. 가변저항은 용도에 따라 포텐쇼미터(potentiometer), 볼륨(volume), 트리머(trimmer)등으로 불리는데 **포텐쇼미터**는 변화된 전압을 얻기 위해 사용하고 볼륨은 라디오 등의 볼륨 조정용으로 전류의 양을 조정하는데 쓰이며 트리머는 작은 양의 저항값 변화에 주로 쓰이고 각 특성에 따라 특성화된 제품이 나와 있다.

[그림 1-5] 리드저항

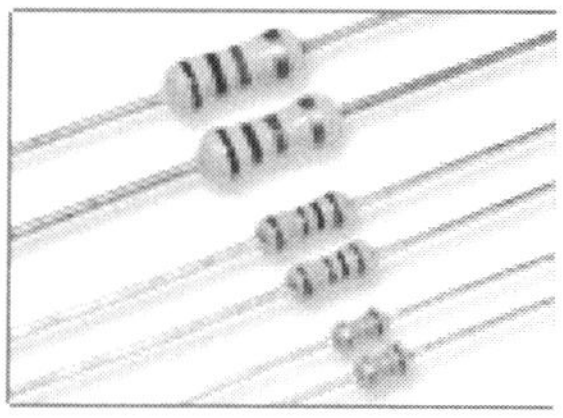

[그림 1-6] 시멘트 저항

CHAPTER 1

[그림 1-7] 칩저항

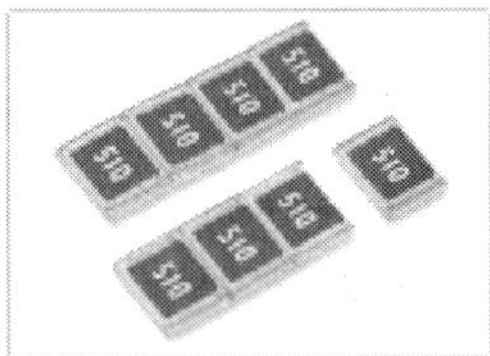

▣ 저항값 읽기

그림 1-5의 위쪽 저항을 자세히 보면 왼쪽에 3개의 띠가 있고 오른쪽에 약간 간격을 달리해서 1개의 띠가 있는 것을 볼 수 있다. 각 색띠는 표 1-1에 있는 것처럼 숫자를 의미하는데 앞의 두 자리는 유효숫자이고 세 번째 자리는 승수이다. 그리고 네 번째 숫자는 허용오차를 나타낸다. 즉 색깔이 갈색, 적색, 황색, 금색일 경우

$12 \times 10^4\ \Omega$ 이고

오차 범위는 $12 \times 10^4 \times 5/100 = 6000\Omega$ 이므로

이 저항이 갖는 값의 범위는 $120000 + 6000 = 126000\Omega$에서

$120000 - 6000 = 114000\Omega$ 사이이다.

[그림 1-8] 가변저항

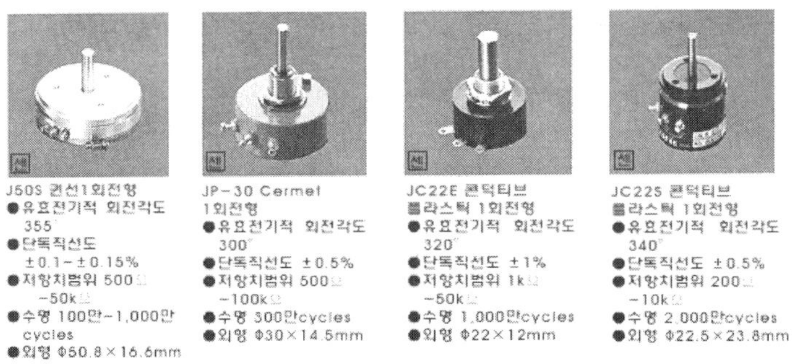

[그림 1-9] 반고정저항

1% 나 2% 의 허용오차를 갖는 정밀 저항기의 경우 다섯 개의 색띠로 나타내어진다. 이 경우 세 번째 색띠 까지가 유효숫자를 나타내고 넷째 띠는 승수, 다섯째 띠는 허용오차를 나타낸다. 갈색은 허용오차 ±1%, 적색은 허용오차 ±2% 이다.

예제 1 - 3 exemple

갈색 적색 적색 금색 띠를 가진 저항의 저항값은?

✔풀이 $R = 12 \times 10^2 \times 1.05 = 1260\Omega$ 부터

$R = 12 \times 10^2 \times 0.95 = 1140\Omega$ 까지

예제 1 - 4 exemple

적색 적색 적색 무색 띠를 가진 저항의 저항값은?

✔풀이 $R = 22 \times 10^2 \times 1.20 = 2640\Omega$ 부터

$R = 22 \times 10^2 \times 0.80 = 1760\Omega$ 까지

[표 1-1] 저항의 색표시 방법

색	색표시 숫자	승수	오차
흑색 (black)	0	$10^0=1$	
갈색 (brown)	1	$10^1=10$	±1%
적색 (red)	2	$10^2=100$	±2%
등색 (orange)	3	$10^3=1,000$	
황색 (yellow)	4	$10^4=10,000$	
녹색 (green)	5	$10^5=100,000$	
청색 (blue)	6	$10^6=1,000,000$	
자색 (violet)	7	$10^7=10,000,000$	
회색 (gray)	8	$10^8=100,000,000$	
백색 (white)	9	$10^9=1,000,000,000$	
금색 (gold)		$10^{-1}=0.1$	±5%
은색 (silver)		$10^{-2}=0.01$	±10%
무색 (no color)			±20%

CHAPTER

2 오옴의 법칙

CHAPTER 2

전압과 전류, 저항은 서로 밀접한 관계를 가지고 있다. 1818년 George Simon Ohm이 실험적으로 전압, 전류, 저항과 관련된 다음과 같은 수식을 찾아내었다.

$$I = \frac{V}{R} \qquad (2-1)$$

[그림 2-1] 오옴의 법칙

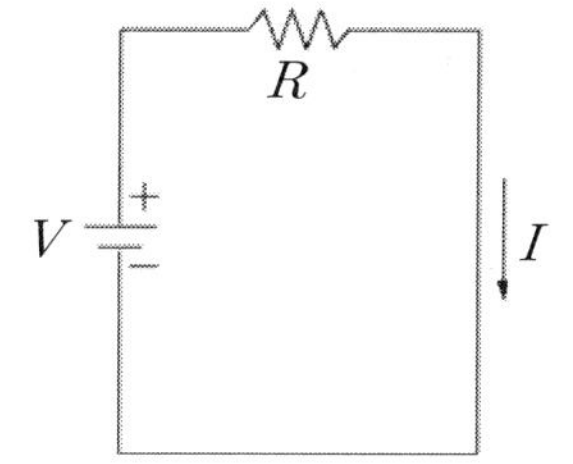

2-1 전류계산

전압과 저항이 주어지면 전류를 구할 수 있다. 즉 전류는 주어진 전압에 비례하고 저항에 반비례한다.

예제 2-1

exemple

10Ω 양단에 10 V 전압이 인가되었다면 전류의 세기 I는 얼마인가?

풀이 $I=\dfrac{V}{R}=\dfrac{10}{10}=1A$

예제 2-2

exemple

12Ω 양단에 24 V의 전압이 인가되면 전류의 세기 I는 얼마인가?

풀이 $I=\dfrac{V}{R}=\dfrac{24}{12}=2A$

예제 2-3

exemple

10$k\Omega$ 양단에 20 V가 인가되면 전류의 세기가 얼마인가?

풀이 $I=\dfrac{V}{R}=\dfrac{20}{10000}=0.002A=2mA$

예제 2-4

exemple

다음 그림과 같은 회로 중에서 전류가 가장 많이 흐르는 회로는 어떤 것인가?

풀이 오옴의 법칙 $I=\dfrac{V}{R}$에 따르면 전압원 V는 10 V로 모두 같으므로 전류는 저항에 반비례하게 된다. 따라서 전류의 세기는 저항 R이 크면 클수록 적게 흐르고 작으면 작을수록 많이 흐르게 되어 저항이 가장 작은 (b) 회로에 가장 많은 전류가 흐른다.

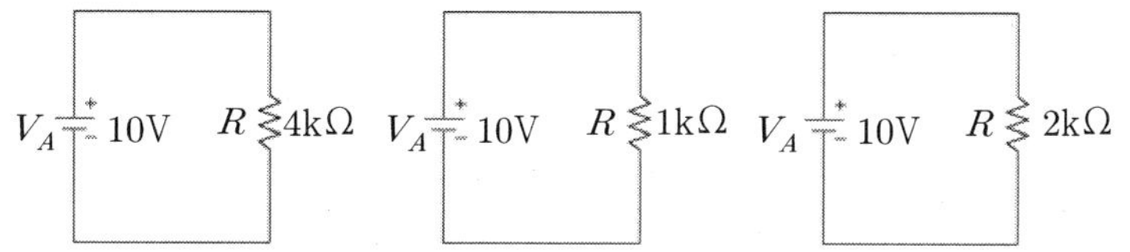

(a) (b) (c)

2-2 전압계산

그림 2−1의 회로에서 저항 R에 전류 I가 흐르면 저항 R에 걸리는 전압은

$$V = IR \tag{2-2}$$

과 같은 관계를 갖게 된다.

예제 2-5 exemple

1000Ω의 저항에 0.002A의 전류가 흐른다면 전압의 크기는 얼마인가?

✔풀이 $V = IR = 0.002A \times 1000\Omega = 2\,V$

예제 2-6 exemple

2$k\Omega$의 저항에 2mA의 전류가 흐른다면 저항에 걸리는 전압의 크기는?

✔풀이 $V = IR = 0.002A \times 2000\Omega = 4\,V$

2-3 저항계산

오옴의 법칙에서 저항 R을 구하는 공식은

$$R = \frac{V}{I} \tag{2-3}$$

그림 2-1에서 인가전압 V를 알고 회로에 흐르는 전류 I를 알 경우에 회로 내의 저항 R을 구할 수 있다. 위 수식에 따르면 저항 R은 전압과 전류의 비율이다. 저항은 한번 정해지면 변하지 않는 것이므로 식 2-3에서 R은 일정한 값을 지니게 된다. 따라서 전압이 증가하면 전류도 증가하게 된다. 전압이 증가할 때 전류가 증가하지 않으면 저항 R이 변해야 하기 때문이다.

예제 2-7

exemple

어떤 회로에 15 V를 인가했을 때 3 A의 전류가 흐른다면 저항은 얼마인가?

✔풀이 $R = \frac{V}{I} = \frac{15}{3} = 5\Omega$

예제 2-8

exemple

20 V의 전압이 인가되었을 때 0.001 A가 흐르는 회로가 있다면 이 회로의 저항은 얼마인가?

✔풀이 $R = \frac{V}{I} = \frac{20}{0.001} = 20000\Omega$

2-4 배수 단위와 약수 단위

암페어, 볼트, 오옴과 같은 기본단위가 사용되고 있지만 때로 큰 값을 표시하거나 아주 작은 값을 표시해야 할 경우가 있다. 즉 20,000 V 전압이나 1,000,000Ω, 0.0001 A 등과 같은 경우 다음과 같이 배수 단위나 약수 단위를 사용하는 것이 훨씬 편리하다.

[표 2-1] 배수 단위 및 약수 단위

기호	읽기	배율	예
M	mega(메가)	1,000,000	3,000,000Ω = 3 $M\Omega$
k	kilo(킬로)	1,000	5,000Ω = 5 $k\Omega$
m	milli(밀리)	0.001	0.036A = 36 mA
μ	micro(마이크로)	0.000001	0.000012V = 12 μV

CHAPTER 3

저항을 직렬로 연결한 회로의 특징

그림 3-1과 같이 저항들이 한 줄로 늘어서 연결된 형태를 직렬 연결되었다고 말하고 이런 회로를 **직렬회로**라고 한다.

[그림 3-1] 직렬회로

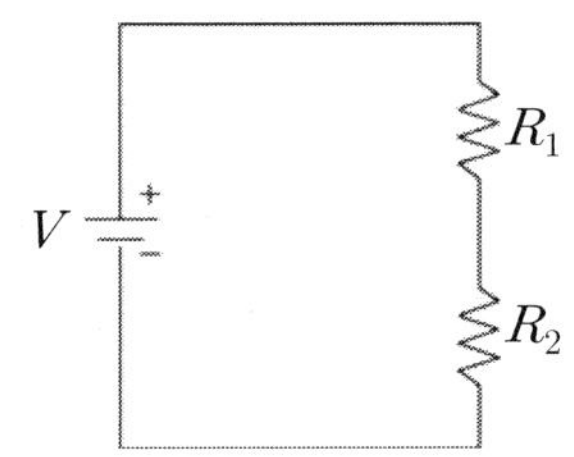

3-1 전류의 세기가 동일하다.

직렬회로에서 회로내의 전류의 세기는 동일하다. 직렬회로에서는 분기점 없이 모든 회로가 하나의 도선으로 연결된 하나의 통로만 있으므로 전류가 흐르고 있는 곳 어느 곳에서 전류를 측정하더라도 똑 같은 전류가 측정된다. 즉 그림 3-1과 같은 회로에서 전압원 V와 저항 R_1 사이에서 측정된 전류나 R_1 과 R_2 사이에서 측정된 전류나 R_2와 전압원 V 사이에서 측정된 전류는 동일한 값을 나타낸다. 따라서 직렬회로에서 전류를 측정할 때는 어느 곳에서 측정하여도 무방하다.

예제 3-1

그림 3-1에서 R_1에 0.2A의 전류가 흐른다면 R_2에 흐르는 전류는 얼마인가?

✔풀이 직렬회로이므로 R_1에 흐르는 전류와 R_2에 흐르는 전류의 세기가 동일하다.
따라서 0.2A이다.

예제 3-2

그림 3-1에서 R_2에 0.1A의 전류가 흐른다면 전압원 V를 통해 나오는 전류의 세기는 얼마인가?

✔풀이 직렬회로이므로 R_2에 흐르는 전류의 세기와 전압원 V를 통해 나오는 전류의 세기는 동일하다. 따라서 0.1A이다.

3-2 합성저항은 모든 저항을 더하면 구할 수 있다.

직렬회로에서 회로내의 전류는 어느 곳에서나 동일하므로 오옴의 법칙에 따르면 저항

$$R_T = \frac{V}{I}$$

이다.

그림 3-2의 회로에서

$$R_T = R_1 + R_2 + R_3 + R_4 + R_5 \quad (3-1)$$

[그림 3-2] 직렬로 연결된 저항들

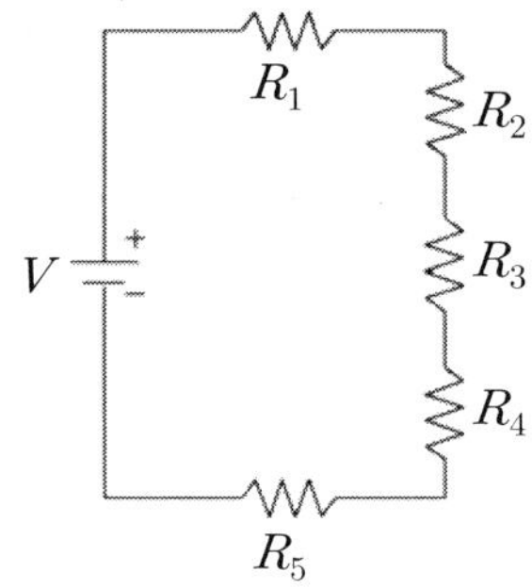

이 때 R_T를 합성저항이라고 하며 직렬회로 내에 있는 모든 저항을 더한 값이다.

예제 3-3

그림 3-2에서 $R_1 = 1k\Omega$, $R_2 = 2k\Omega$, $R_3 = 3k\Omega$, $R_4 = 4k\Omega$, $R_5 = 5k\Omega$이고 전압원 V가 30 V일 때 저항 R_1을 통해 흐르는 전류는 얼마인가?

✔풀이 $R_T = R_1 + R_2 + R_3 + R_4 + R_5 = 1 + 2 + 3 + 4 + 5 = 15k\Omega$

$$I = \frac{V}{R_T} = \frac{30\,V}{15\text{k}\Omega} = \frac{30\,V}{15000\,\Omega} = 0.002A = 2mA$$

전류 I는 $2mA$이다. 그리고 직렬회로에서 회로 내의 어떤 곳에서의 전류값도 동일하므로 저항 R_1을 통해 흐르는 전류의 세기 역시 $2mA$이다.

예제 3-4 exemple

다음 저항을 직렬로 합성하면 합성저항은 얼마인가?

$1k\Omega$, $2.2k\Omega$, $3.3k\Omega$, $4.7k\Omega$, $5.6k\Omega$

✔풀이 모두 더하면 $16.8k\Omega$

3-3 전압강하

그림 3−3과 같은 회로에서 전류를 계산하면 $I = 1A$의 전류가 흐른다. 오옴의 법칙을 이용해 각 저항에 걸리는 전압을 구하면 저항 R_1에 걸리는 전압을 V_1, 저항 R_2에 걸리는 전압을 V_2라고 했을 때

[그림 3−3] 저항에서의 전압강하

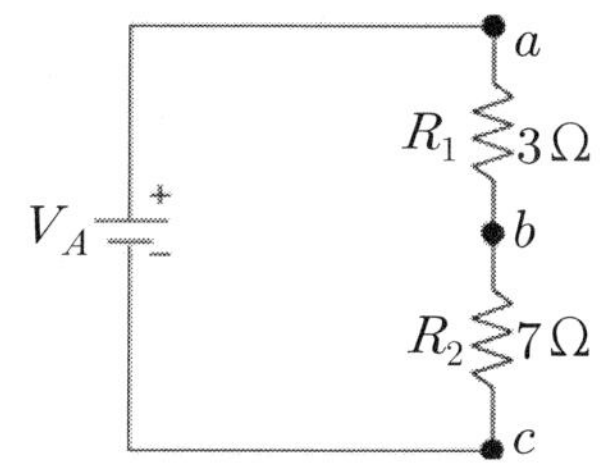

$$V_1 = IR_1 = 1A \times 3\Omega = 3V$$

$$V_2 = IR_2 = 1A \times 7\Omega = 7V$$

이다. 이 때 각 저항에 걸리는 전압을 그 저항에서의 전압강하라고 한다. 따라서 그림 3−3에서 a와 b 사이에는 $3V$의 전압강하가 발생했고

b와 c 사이에는 7V의 전압강하가 발생한다.

a 지점의 전압은 10V 이고 b 지점의 전압은 7V이다. a와 b 사이에 3V의 전압강하가 발생했다. 다시 말하면 전압이 떨어진 것이다. b 지점은 a 지점보다 3V의 전압이 떨어져 있는 상태이다. 그 3V는 모두 저항 R_1에 걸려 있다.

c 지점의 전압은 0V이다. b 지점의 전압이 7V인데 저항 R_2에 7V가 걸려서, 다시 말하면 전압강하가 발생해서 저항 R_2에 7V가 다 걸리므로 c 지점은 0V가 된다. 따라서 회로에 기준점이 없을 때 다시 말하면 접지 표시(접지란 기준점이 땅인 것을 의미한다. 보통 땅에 접지선을 연결하면 그 지점이 기준이 되고 그 지점을 0V로 설정한다.)가 없을 때는 대개 전원의 − 극성이 표시된 부분을 기준점 즉 0V로 설정한다.

아래 **그림 3−4**는 접지 표시된 회로를 나타낸다.

[그림 3−4] 접지된 회로

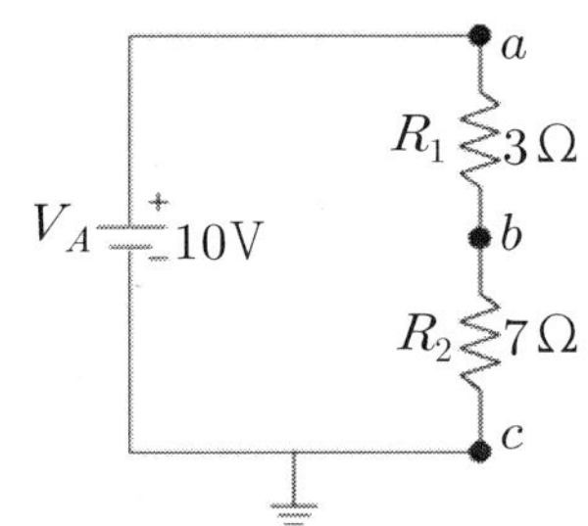

한편 **그림 3−5**와 같이 접지할 수도 있다.

이 경우에 b 점이 기준점이 되므로 b 지점의 전압이 0V이다. 기준점이 주어지고 기준점을 기준으로 전압을 얘기할 때는 보통 **전위**라는 말을 쓴다. 이것을 산의 높이를 얘기할 때 해발 100m 등과 같이 얘기하는 것과 같다. 해발은 바다를 기준으로 한 것이다. 저항 R_1에 3V의 전압강하가 생겼으므로 거꾸로 얘기하면 a 지점이 b 지점보다 $3V$ 높은 전압을 가진다는 얘기다. 따라서 기준점 b를 $0V$로 했을 때 a 지점의 전위는 3V이다. c 지점은 $7V$의 전압강하가 생겼으므로 b 지점에 비해 $7V$가 낮다. 따라서 c 지점의 전위는 $-7V$이다.

[그림 3-5] 저항 사이가 접지된 회로

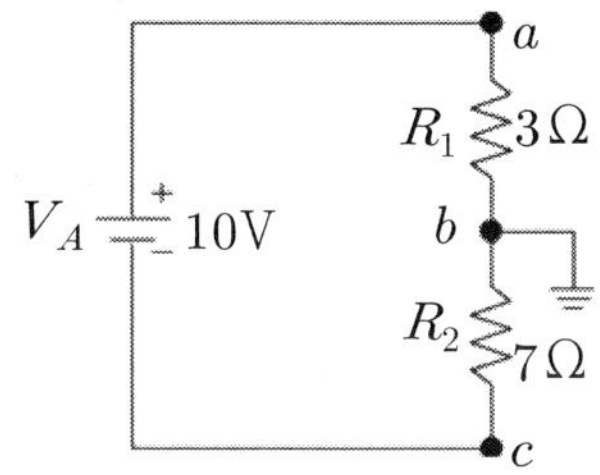

CHAPTER 3

예제 3-5

exemple

그림 3-6과 같은 회로에서 a, b, c, d 지점의 전위 V_a, V_b, V_c, V_d를 구하라.

풀이 먼저 회로의 전류 I를 구하면

$$I = \frac{V}{R_T}$$

합성 저항 R_T는

$$R_T = R_1 + R_2 + R_3 = 3 + 2 + 4 = 9\Omega$$

따라서

$$I = \frac{V}{R_T} = \frac{18}{9} = 2A$$

각 저항에서의 전압강하를 구하면 저항에서의 전압강하 V_{ab}는

$$V_{ab} = IR_1 = 2 \times 3 = 6\,V$$

$$V_{bc} = IR_2 = 2 \times 2 = 4\,V$$

$$V_{cd} = IR_3 = 2 \times 4 = 8\,V$$

b가 기준이므로 V_b는 $0\,V$ 이다.

저항 R_1의 전압강하 V_{ab}가 $6\,V$이므로 V_a는 V_b 보다 $6\,V$ 높아서 $V_a = 6\,V$ 이다.

저항 R_2의 전압강하 V_{ac}가 $4\,V$ 이므로 V_c 가 V_b 보다 $4\,V$ 낮아서 $V_c = -4\,V$ 이다.

저항 R_3의 전압강하 V_{cd}가 $8\,V$이므로 V_d가 V_c 보다 $8\,V$낮다.

따라서

$$V_d = V_b - (V_{bc} + V_{cd}) = 0 - (4 + 8) = -12\,V$$

3-4 각 전압강하를 더하면 전체전압이 된다.

그림 3-6에서 모든 저항의 전압강하를 다 더하면

[그림 3-6] 접지가 다른 회로

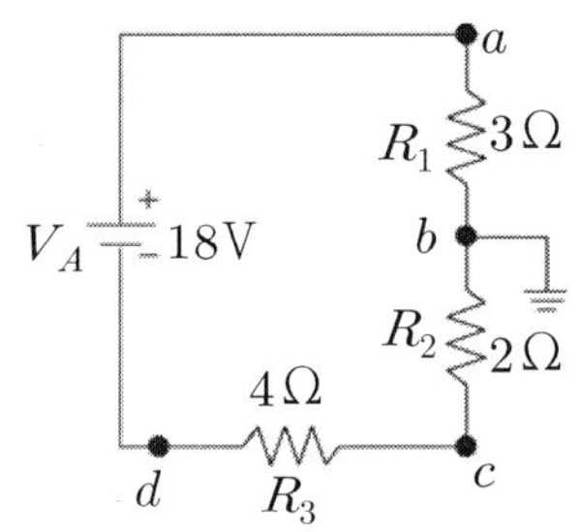

$$V_T = V_{ab} + V_{bc} + V_{cd} = 6+4+8 = 18\,V$$

이다.

따라서 $V_T = V_A = 18\,V$ 임을 알 수 있다.

그러므로 직렬회로에서 모든 저항의 전압강하를 모두 더하면 전체전압이 된다.

각 저항에서의 전압강하가 V_1, V_2, V_3, V_4, V_5 일 때 전체전압 V_T 는

$$V_T = V_1 + V_2 + V_3 + V_4 + V_5$$

로 나타낼 수 있다.

CHAPTER 3

예제 3-6 exemple

그림 3-7의 회로에서 R_1, R_2, R_3의 전압강하를 V_1, V_2, V_3라고 했을 때 V_1을 측정하였더니 9 V가 나왔다. 이 회로의 전류 I와 V_2, V_3를 구하라.

✔풀이 먼저 회로에 흐르는 전류를 구해보자.

V_1이 주어지고 R_1을 알고 있으므로 오옴의 법칙에 의해

$$I = \frac{V_1}{R_1} = \frac{9}{3} = 3A$$

직렬회로의 특성상 회로 내의 모든 지점에서 전류의 값이 동일하므로

$$V_2 = IR_2 = 3 \times 5 = 15\,V$$

$$V_3 = IR_3 = 3 \times 4 = 12\,V$$

[그림 3-7] 미지 전압 구하기

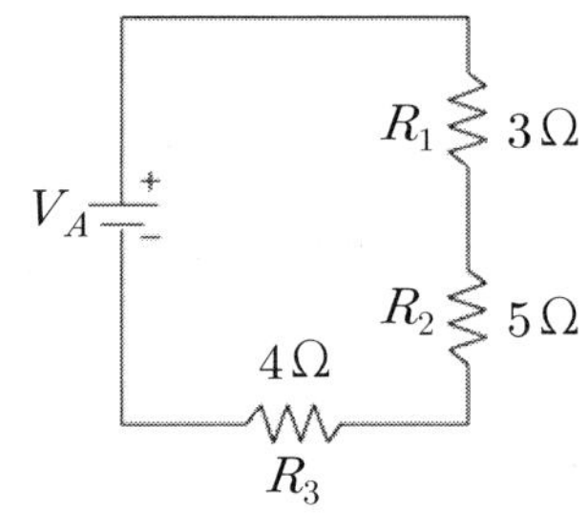

예제 3-7

그림 3-8에서 R_1의 전압강하가 10 V 이면 R_2양단의 전압강하는 얼마인가?

✔풀이 전체전압은 각 저항에서의 전압강하의 합이므로

$18 = 10 + x$

따라서 $x = 8\,V$

[그림 3-8] 모르는 전압 구하기

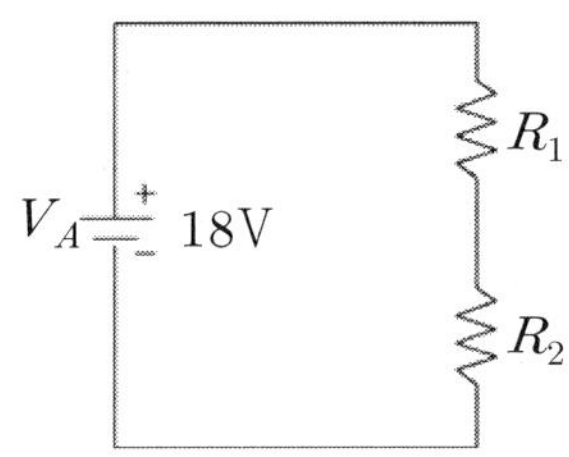

예제 3-8

R_1, R_2, R_3 저항이 직렬로 연결되어 있고 인가전압이 V_A인 회로에서 각 저항에 걸리는 전압 V_1, V_2, V_3를 구하라.

✔풀이 이 회로에 흐르는 전류 I는

$$I = \frac{V_A}{R_1 + R_2 + R_3}$$

따라서 각 저항에 걸리는 전압 V_1, V_2, V_3는

$$V_1 = IR_1 = \frac{V_A}{R_1 + R_2 + R_3} R_1 = \frac{R_1}{R_1 + R_2 + R_3} V_A$$

마찬가지로 V_2, V_3도

$$V_2 = \frac{R_2}{R_1 + R_2 + R_3} V_A$$

$$V_3 = \frac{R_3}{R_1 + R_2 + R_3} V_A$$

CHAPTER 3

CHAPTER 4 저항을 병렬로 연결한 회로의 특징

2개 이상의 부품이 한 개의 전압원 양단에 연결될 때 이를 **병렬회로**라고 부른다.

그림 4-1에서 전류가 흐르는 각 도선을 **지로**라고 부른다. 병렬회로에서 각 지로에 걸리는 전압은 일정하고 전체 전류는 각 지로전류를 더한 것과 같다.

[그림 4-1] 병렬회로

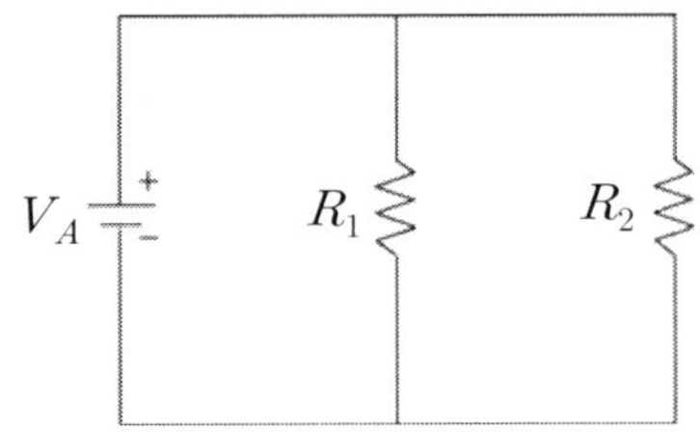

4-1 모든 병렬지로에 걸리는 전압은 같은 값이다.

병렬회로는 정수장에서 나온 수돗물이 각 가정에 나누어서 공급되듯이 전원에서 나온 전류가 지로를 따라 나누어서 흘렀다가 다시 합쳐져서 전원으로 돌아오는 구조를 갖고 있다. 모든 저항에 똑 같은 양의 전압이 걸려 있다. 즉 어느 저항에서 측정하더라도 같은 값의 전압을 측정할 수 있음을 의미한다.

그림 4-1의 회로에서 저항 R_1 에 걸리는 전압은 V_A이고 저항 R_2 에 걸리는 전압도 V_A이다. 모든 병렬지로에 걸리는 전압은 동일한 값이다. 직렬회로에서는 회로 내의 어느 곳에서나 전류의 세기가 같았지만 병렬회로에서는 어느 지로에 걸리는 전압도 동일하다.

예제 4-1

다음 그림 4-2 회로에서 저항 R_1에 걸리는 전압이 10 V일 때 저항 R_2와 저항 R_3에 걸리는 전압은 얼마인가?

✓풀이 병렬회로의 특징은 모든 병렬지로에 걸리는 전압이 동일하다는 것이다. 따라서 R_1에 걸리는 전압이 10 V이면 R_2와 R_3에도 각각 10 V 씩 걸리게 된다.

[그림 4-2] 3개의 지로를 갖는 병렬회로

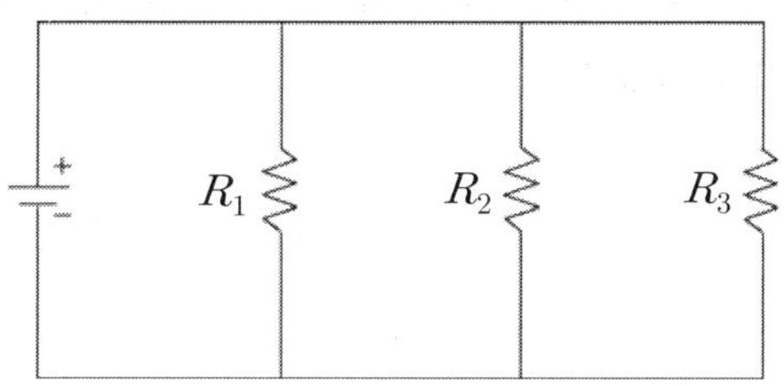

예제 4-2

그림 4-3에 나타나 있는 회로에서 R_1에 $I_1 = 2A$의 전류가 흐를 때 R_2에 걸리는 전압은 얼마인가?

✓풀이 오옴의 법칙으로 R_1에 걸리는 전압을 계산하면

$$V_A = I_1 R_1 = 2 \times 3 = 6\,V$$

병렬회로에서 각 지로전압은 동일하므로 R_2에 걸리는 전압은 V_A 와 동일한 $6V$이다.

[그림 4-3] 미지 전압 계산

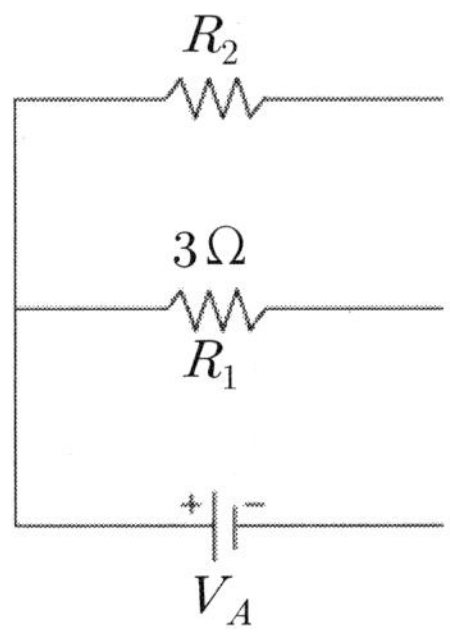

예제 4-3

exemple

그림 4-4와 같은 병렬회로에서 R_1에 $I_1 = 30mA$의 전류가 흐를 때 R_3에 흐르는 전류를 구하라.

[그림 4-4] 미지 전류 계산

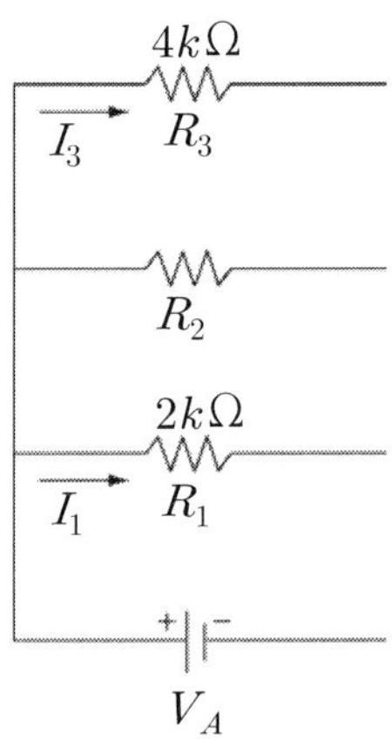

✔풀이 $V_A = I_1 R_1 = 30mA \times 2k\Omega = 60\,V$

병렬회로의 특성에 따라 저항 R_3에도

$V_A = 60\,V$가 걸리므로

$$I_3 = \frac{V_A}{R_3} = \frac{60\,V}{4k\Omega} = 15mA$$

CHAPTER 4

4-2 각 지로전류를 다 더하면 전체전류가 된다.

병렬회로에서 각 지로를 흐르는 전류를 모두 더하면 전원에서 나가는 본선전류와 동일하다. 즉 본선에 흐르는 전류는 각 지로전류를 모두 더한 것이므로 전체전류라고도 한다.

그림 4-5 회로에서 각 지로에 흐르는 전류를 I_1, I_2, I_3라 할 때 전체전류 I_T는

$$I_T = I_1 + I_2 + I_3 \qquad (4-1)$$

로 나타낼 수 있다.

예제 4-4 exemple

그림 4-5 회로에서 R_1, R_2, R_3가 각각 10Ω, 20Ω, 30Ω 이고 V_A가 60 V일 때 전체전류 I_T를 구하라.

[그림 4-5] 지로전류와 전체전류

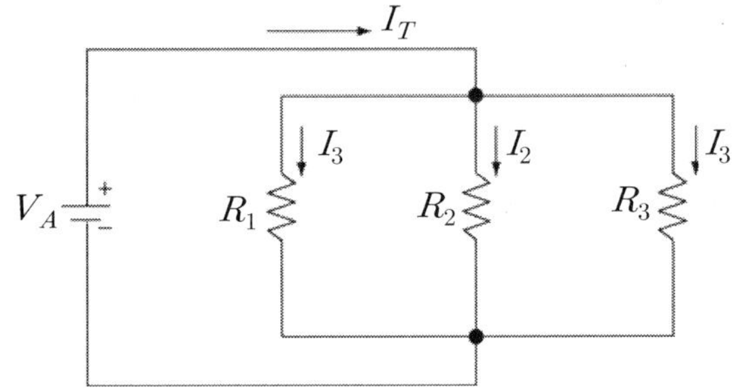

✓풀이 병렬회로의 특성에 따라 모든 병렬지로에 걸리는 전압은 V_A 즉 $60V$ 이므로

$$I_1 = \frac{V_A}{R_1} = \frac{60}{10} = 6A$$

$$I_2 = \frac{V_A}{R_2} = \frac{60}{20} = 3A$$

$$I_3 = \frac{V_A}{R_3} = \frac{60}{30} = 2A$$

전체전류는 각 지로전류를 더한 것이므로

$$I_T = I_1 + I_2 + I_3 = 6 + 3 + 2 = 11A$$

예제 4-5

exemple

세 개의 병렬지로를 갖는 회로의 지로전류 $I_1 = 17mA$, $I_2 = 22mA$ 이고 I_T가 42mA 일 때 I_3는 얼마인가?

✓풀이 $I_T = I_1 + I_2 + I_3$

이므로

$$I_3 = I_T - (I_1 + I_2) = 0.042 - (0.017 + 0.022) = 0.003A$$
$$= 3mA$$

4-3 병렬회로의 합성저항

병렬회로에서 병렬로 연결되어 있는 각 지로저항을 합성한 저항을 구하기 위해서는 먼저 전압을 전체전류로 나누는 방법이 있다. 즉 오옴의 법칙을 이용해서

$$R_T = \frac{V_A}{I_T} \tag{4-2}$$

예제 4-6

그림 4-5와 같은 병렬회로에서 I_1, I_2, I_3가 각각 12mA, 13mA, 5mA 이고 인가전압 V_A가 60V일 때 합성저항 R_T를 구하라.

✓풀이 $I_T = I_1 + I_2 + I_3 = 0.012 + 0.013 + 0.05 = 0.030A$

$$R_T = \frac{V_A}{I_T} = \frac{60}{0.030} = 2000\Omega = 2k\Omega$$

다른 방법으로는 병렬회로가 3개일 때

$I_T = I_1 + I_2 + I_3$ 이므로

$$R_T = \frac{V_A}{I_T} = \frac{V_A}{I_1 + I_2 + I_3}$$

로 표현할 수 있고

$$I_1 = \frac{V_A}{R_1},\ I_2 = \frac{V_A}{R_2},\ I_3 = \frac{V_A}{R_3}$$

이므로

$$R_T = \frac{V_A}{I_T} = \frac{V_A}{I_1 + I_2 + I_3} = \frac{V_A}{\dfrac{V_A}{R_1} + \dfrac{V_A}{R_2} + \dfrac{V_A}{R_3}}$$

$$= \frac{V_A}{(\dfrac{1}{R_1} + \dfrac{1}{R_2} + \dfrac{1}{R_3})V_A}$$

분식에서 분모와 분자에 있는 V_A가 상쇄되고 결국

$$R_T = \frac{1}{\dfrac{1}{R_1} + \dfrac{1}{R_2} + \dfrac{1}{R_3}} \tag{4-3}$$

병렬지로가 n개 일 때는

$$R_T = \frac{1}{\dfrac{1}{R_1} + \dfrac{1}{R_2} + \dfrac{1}{R_3} + ... + \dfrac{1}{R_n}} \tag{4-4}$$

이고 이를 다시 표현하면

$$\frac{1}{R_T} = \frac{1}{R_1} + \frac{1}{R_2} + \frac{1}{R_3} + ... + \frac{1}{R_n} \tag{4-5}$$

가 되고
특별히 병렬지로가 2개만 있는 경우는

$$R_T = \frac{1}{\dfrac{1}{R_1} + \dfrac{1}{R_2}} = \frac{1}{\dfrac{R_2}{R_1R_2} + \dfrac{R_1}{R_1R_2}} = \frac{1}{\dfrac{R_1 + R_2}{R_1R_2}} = \frac{R_1R_2}{R_1 + R_2}$$

(4-6)

와 같이 간략화 할 수 있다.
또한 병렬지로에 있는 모든 저항의 값이 같은 경우 즉

$$R_1 = R_2 = R_3 = ... = R_n = R$$

인 경우는

$$\frac{1}{R_T} = \frac{1}{R_1} + \frac{1}{R_2} + \frac{1}{R_3} + ... + \frac{1}{R_n} = \frac{n}{R}$$

이므로

$$R_T = \frac{R}{n} \tag{4-7}$$

이 된다.

예제 4-7

그림 4-6과 같은 병렬회로에서 R_1, R_2, R_3, R_4가 각각 10Ω, 30Ω, 45Ω, 90Ω 일 때 합성저항을 구하라.

[그림 4-6] 지로가 4개인 병렬회로

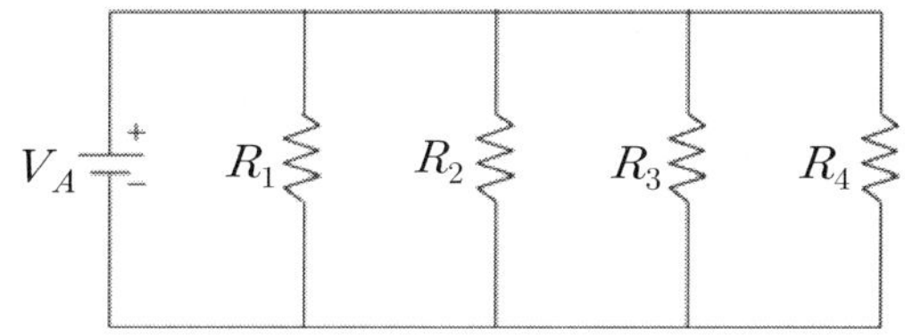

✔풀이 병렬회로에서 합성저항은

$$\frac{1}{R_T} = \frac{1}{R_1} + \frac{1}{R_2} + \frac{1}{R_3} + ... + \frac{1}{R_n}$$

이므로

$$\frac{1}{R_T} = \frac{1}{R_1} + \frac{1}{R_2} + \frac{1}{R_3} + \frac{1}{R_4} = \frac{1}{10} + \frac{1}{30} + \frac{1}{45} + \frac{1}{90} = \frac{15}{90}$$

$$= \frac{1}{6}\Omega$$

따라서

$$R_T = 6\Omega$$

예제 4-8 exemple

그림 4-7과 같은 병렬회로에서 R_1, R_2가 각각 20Ω, 30Ω 일 때 합성저항을 구하라.

[그림 4-7] 지로가 2개인 병렬회로의 합성

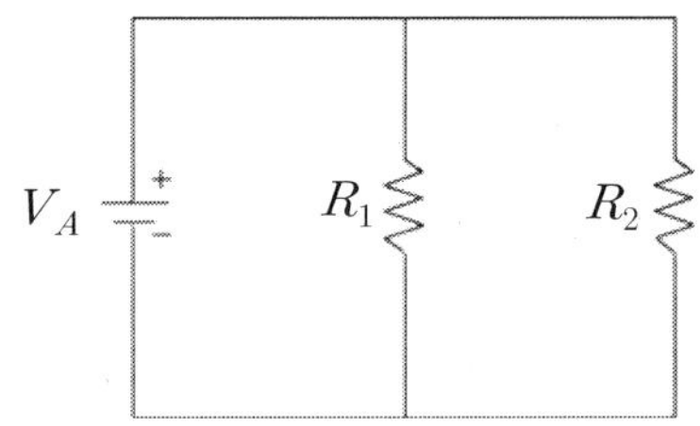

✔풀이 $R_T = \dfrac{R_1 R_2}{R_1 + R_2} = \dfrac{20 \times 30}{20 + 30} = \dfrac{600}{50} = 12\Omega$

예제 4-9 exemple

그림 4-8과 같은 회로에서 R이 100Ω일 때 합성저항 R_T를 구하라.

[그림 4-8] 같은 값을 갖는 저항이 병렬로 연결된 회로

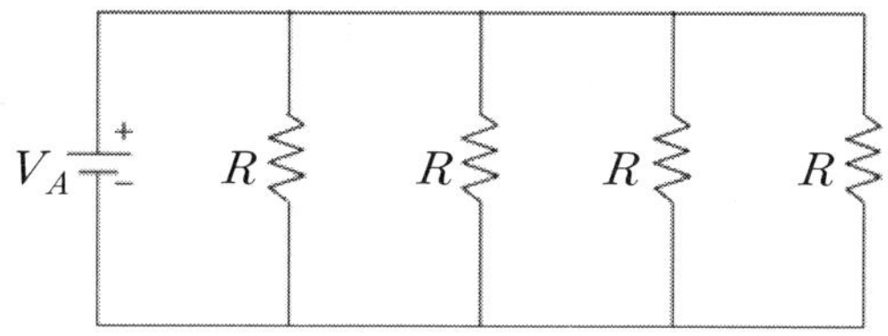

✔풀이 같은 값을 갖는 저항이 병렬로 4개 연결되었으므로 $n=4$이고

$$R_T = \frac{R}{n} = \frac{100}{4} = 25\Omega$$

예제 4-10

그림 4-9와 같은 병렬회로에서 R_1, R_2, R_3, R_4가 각각 10Ω, 30Ω, 45Ω, 90Ω 이고 I_T가 $3A$ 일 때 각 저항에 흐르는 전류 I_1, I_2, I_3, I_4를 구하라.

[그림 4-9] 지로전류 구하기

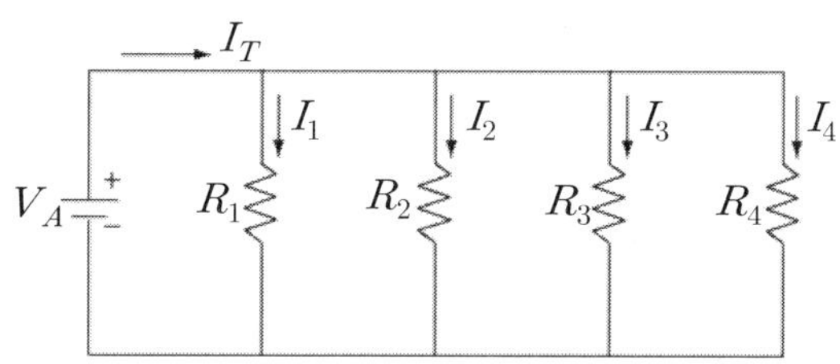

✔풀이 각 지로에 흐르는 전류를 구하려면 먼저 각 지로에 걸리는 전압 V_A를 구해야 한다. 병렬회로에서는 모든 지로에 걸리는 전압이 동일하므로 오옴의 법칙을 이용하여 각 지로에 흐르는 전류를 구할 수 있다. 전압을 구하려면 합성저항 R_T를 구하여 전체전류 I_T와 곱해주어야 한다.

합성저항은

$$\frac{1}{R_T}=\frac{1}{R_1}+\frac{1}{R_2}+\frac{1}{R_3}+\frac{1}{R_4}=\frac{1}{10}+\frac{1}{30}+\frac{1}{45}+\frac{1}{90}=\frac{15}{90}$$

$$=\frac{1}{6}\Omega$$

따라서

$$R_T=6\Omega$$

전압 V_A는

$$V_A=I_TR_T=3\times 6=18\,V$$

각 지로전류는 오옴의 법칙에서

$$I_1=\frac{V_A}{R_1}=\frac{18}{10}=1.8A$$

$$I_2=\frac{V_A}{R_2}=\frac{18}{30}=0.6A$$

$$I_3=\frac{V_A}{R_3}=\frac{18}{45}=0.4A$$

$$I_4=\frac{V_A}{R_4}=\frac{18}{90}=0.2A$$

예제 4-11 exemple

다음 병렬회로에서 I_T와 R_1, R_2가 주어졌을 때 두 지로에 흐르는 전류 I_1, I_2를 구하라.

[그림 4-10] 지로가 두개인 병렬회로의 전류 계산

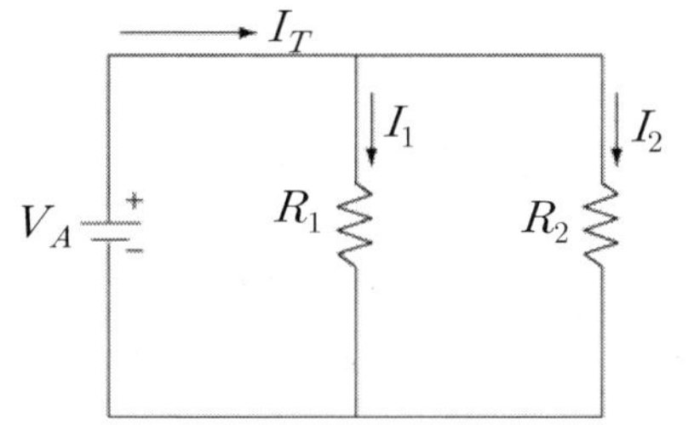

✔풀이 지로가 두개인 경우 저항 R_T는

$$R_T = \frac{R_1 R_2}{R_1 + R_2}$$

각 저항 R_1과 R_2에 걸리는 전압이 V라고 했을 때 전압 V는

$$V = I_T R_T = I_T \frac{R_1 R_2}{R_1 + R_2}$$

각 지로전류 I_1은

$$I_1 = \frac{V}{R_1}$$

이 식에 앞에서 구한 $V = I_T \frac{R_1 R_2}{R_1 + R_2}$를 대입하면

$$I_1 = \frac{V}{R_1} = I_T \frac{R_1 R_2}{R_1 + R_2} \frac{1}{R_1} = \frac{R_2}{R_1 + R_2} I_T$$

$$I_2 = \frac{V}{R_2} = I_T \frac{R_1 R_2}{R_1 + R_2} \frac{1}{R_2} = \frac{R_1}{R_1 + R_2} I_T$$

간략하게 다시 표현하면

$$I_1 = \frac{R_2}{R_1 + R_2} I_T$$

$$I_2 = \frac{R_1}{R_1 + R_2} I_T$$

따라서 지로가 두 개 뿐일 경우는 윗 식으로 간단하게 구할 수 있다. 그러나 세 개 이상인 경우는 위식과 같은 경우가 적용되지 않는다. 다시 말해서

$$I_1 = \frac{R_3}{R_1 + R_2 + R_3} I_T$$

와 같은 식을 얻을 수 없다.

CHAPTER 5 저항이 직렬과 병렬로 연결된 회로의 특징

직렬과 병렬회로를 서로 혼합하여 사용하여야 할 경우가 있다. 직렬회로에서는 전류가 일정하고 병렬회로에서는 전압이 일정하다. 이러한 특성을 다 필요로 하는 경우 직병렬회로를 구성하여야 한다. 직병렬회로에서는 직렬회로의 특성과 병렬회로의 특성을 각각 적용시켜서 회로를 해석하여야 한다.

5-1 직병렬회로의 합성저항

직병렬회로의 합성저항을 구하기 위해서는 직렬회로의 특성 및 병렬회로의 특성을 적절히 적용하여야 한다. 그림 5-1에서는 우선 직렬로 연결된 저항 R_1과 R_2를 먼저 합성한다.

[그림 5-1] 직병렬 회로

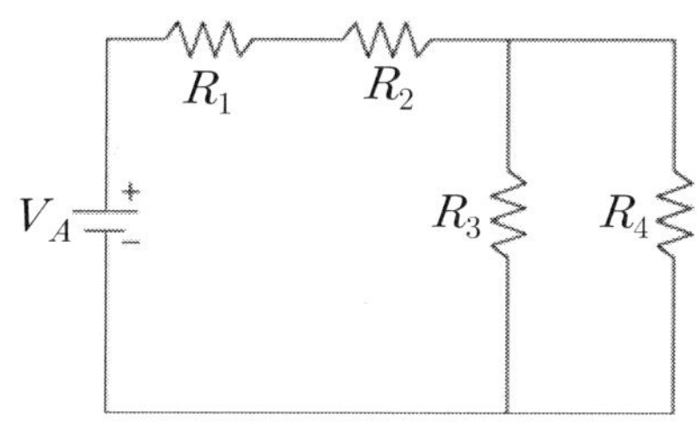

$$R_{12} = R_1 + R_2$$

직렬저항만 합성한 회로가 **그림** 5−2에 있다.

이번에는 병렬저항만 합성한다. 두개의 저항이 병렬로 있으므로 합성공식을 이용해 병렬저항을 합성한 회로가 **그림** 5−3에 나타나 있다.

[그림 5−2] 직렬저항 합성

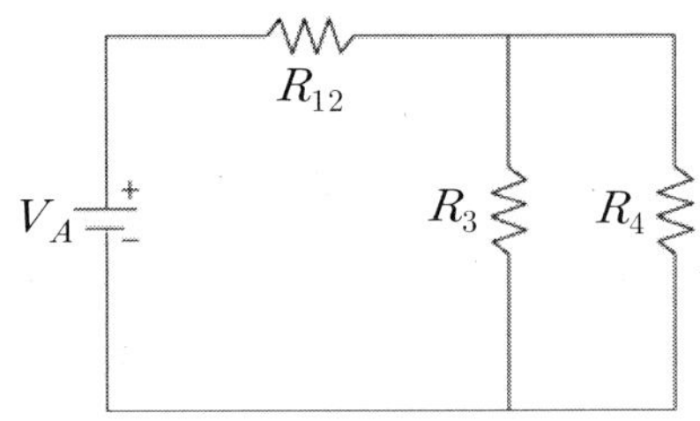

[그림 5−3] 병렬저항 합성

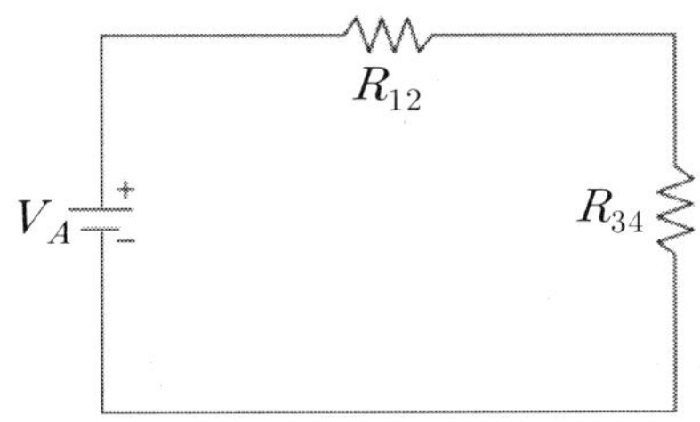

$$R_{34} = \frac{R_3 R_4}{R_3 + R_4}$$

그림 5−3에서는 R_{12}와 R_{34}가 직렬이므로 이 둘을 직렬 합성한다.

$$R_T = R_{12} + R_{34} = R_1 + R_2 + \frac{R_3 R_4}{R_3 + R_4}$$

5-2 직병렬회로의 해석

직병렬회로에서는 어느 부분이 직렬이고 어느 부분이 병렬인지 구분하는 것이 가장 중요하다. 회로상의 도선을 따라 실제로 전류가 흐르는 것처럼 가정하고 전류가 나누어지지 않고 계속하게 흐르게 되면 직렬이고 그렇지 않고 분기점을 만나 전류가 2개 이상으로 나누어 질 경우에 그 부분은 병렬로 보면 된다. 그 후에 남은 일은 직렬회로의 특성과 병렬회로의 특성을 잘 기억해내는 것이다.

CHAPTER 5

예제 5-1

exemple

그림 5-4 회로에서 R_1, R_2, R_3, R_4가 각각 10Ω, 20Ω, 30Ω, 40Ω일 때 합성저항은 얼마인가?

[그림 5-4] 직병렬회로의 합성저항 구하기

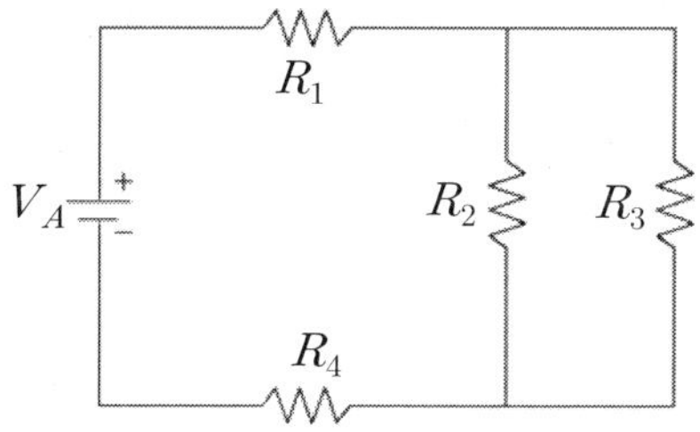

풀이 전압원에서 전류가 흘러갈 때 저항 R_2와 R_3가 있는 지로에서 갈라지므로 R_2와 R_3 저항은 서로 병렬이다.

$$R_{23} = \frac{R_2 R_3}{R_2 + R_3} = \frac{20 \times 30}{20 + 30} = \frac{600}{50} = 12\Omega$$

병렬저항을 합성하고 나면 그림 5-5와 같이 R_1, R_{23}, R_4 세

저항이 서로 직렬이므로 합성저항은 이 세 저항을 더하면 된다. 즉

$$R_T = R_1 + R_{23} + R_4 = 10 + 12 + 40 = 62\Omega$$

[그림 5-5] 병렬합성된 회로

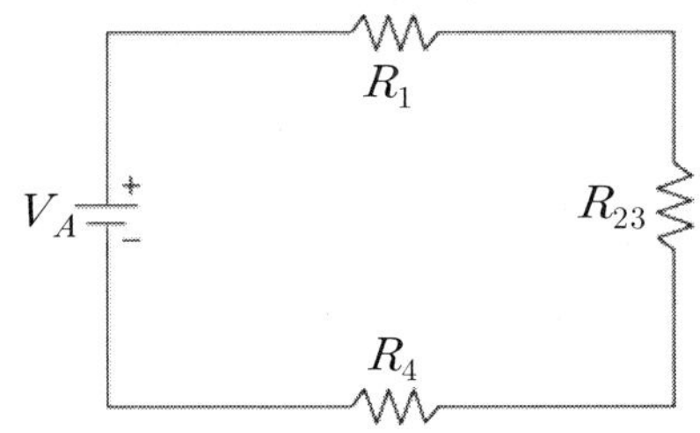

예제 5-2 exemple

그림 5-6과 같은 회로에서 저항 R_1, R_2, R_3, R_4, R_5, R_6가 각각 10Ω, 80Ω, 8Ω, 20Ω, 30Ω, 40Ω일 때 합성저항을 구하라.

[그림 5-6] 복잡한 직병렬회로

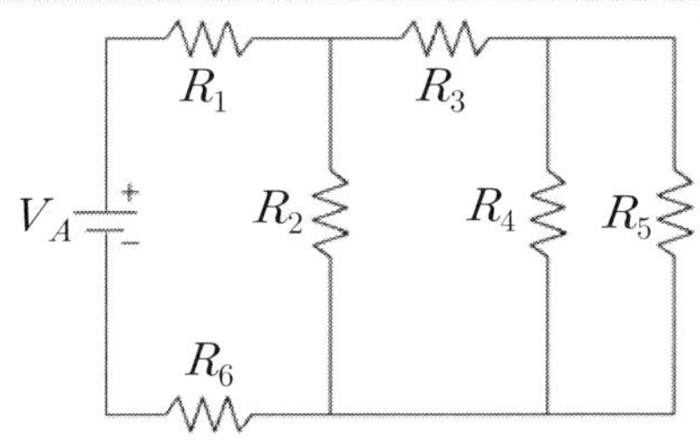

✓풀이 먼저 제일 오른쪽부터 합성해 나가는 것이 쉬울 것 같다. 전류가 시계 방향으로 흐른다고 할 때 저항 R_4와 R_5가 있는 지로에서 갈라질 것이다. 따라서 이 두 저항은 병렬 관계에 있다.

$$R_{45} = \frac{R_4 R_5}{R_4 + R_5} = \frac{20 \times 30}{20 + 30} = \frac{600}{50} = 12\Omega$$

합성된 회로를 다시 그리면 **그림** 5－7과 같다.

그림 5－7 회로를 보면 저항 R_3와 R_{45}는 서로 직렬 관계이다. 그 둘 사이에는 전류가 나누어지는 분기점이 없기 때문이다. 따라서

[그림 5－7] 병렬저항 일부 합성

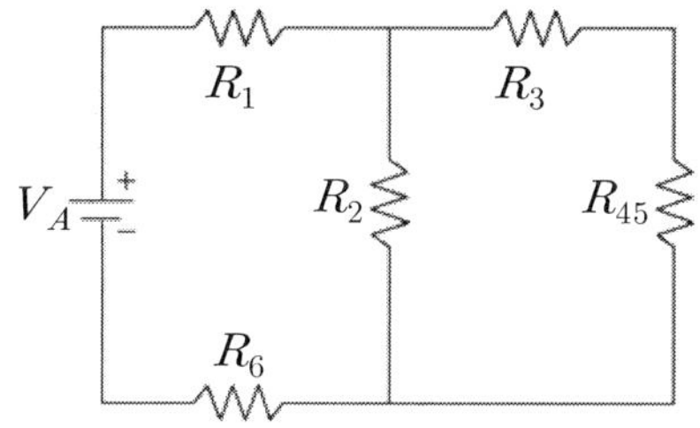

$$R_{345} = R_3 + R_{45} = 8 + 12 = 20\Omega$$

이것을 회로도로 나타내면 **그림** 5－8과 같다.

[그림 5－8] 직렬저항 일부 합성

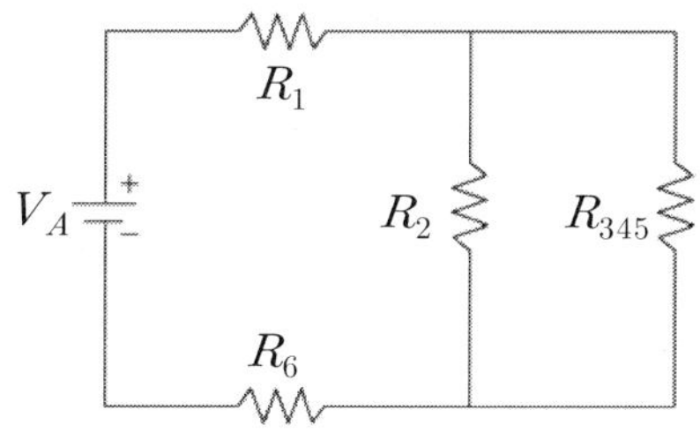

이제 전류가 시계 방향으로 흐른다고 했을 때 R_2와 R_{345}가 있는 지로에서 갈라지므로 R_2와 R_{345}는 서로 병렬 관계이다. 따라서 이 두 저항을 합성하면

CHAPTER 5

$$R_{2345} = \frac{R_2 R_{345}}{R_2 + R_{345}} = \frac{80 \times 20}{80 + 20} = \frac{1600}{100} = 16\Omega$$

이제 R_1과 R_{2345}와 R_6 사이에서는 전류가 나뉘어서 흐르는 분기점이 없으므로 그림 5-9와 같이 세 저항이 직렬로 있음을 알 수 있다. 따라서

$$R_T = R_1 + R_{2345} + R_6 = 10 + 16 + 40 = 66\Omega$$

[그림 5-9] 병렬저항 일부 합성

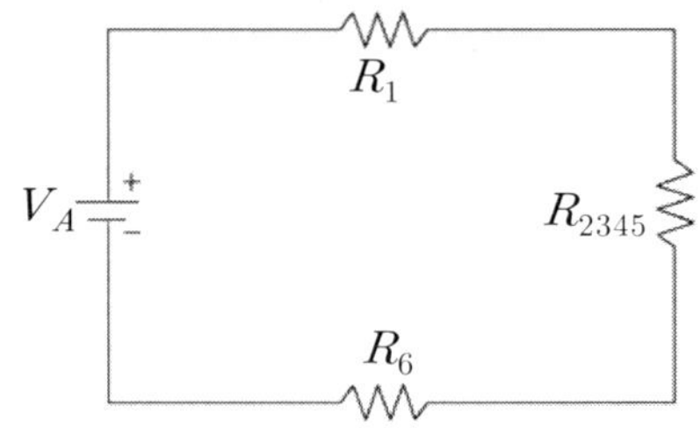

예제 5-3

exemple

다음 회로에서 R_2가 8Ω이고 I_2가 3A이며 I_T가 7A일 때 I_1 및 R_1을 구하고 V_A가 38V일 때 R_3을 구하라.

✔풀이 먼저 I_1을 구하면 I_T가 R_1과 R_2가 있는 지로에서 I_1과 I_2로 나누어지므로

$$I_T = I_1 + I_2$$

이므로

$$I_1 = I_T - I_2 = 7 - 3 = 4A$$

[그림 5-10] 직병렬회로에서 모르는 전류 및 저항 구하기

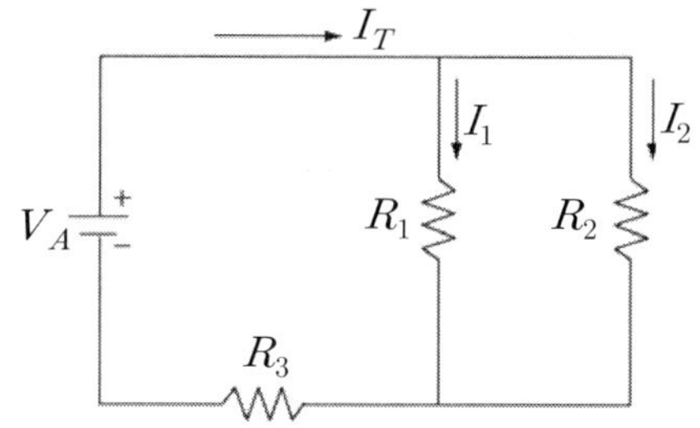

병렬회로에서 각 지로에 걸리는 전압이 동일하므로 저항 R_1에 걸리는 전압 V_1과 저항 R_2에 걸리는 전압 V_2는 같은 값을 가지게 된다. 따라서

$$V_2 = I_2 R_2 = 3 \times 8 = 24\,V$$

$$R_1 = \frac{V_1}{I_1} = \frac{V_2}{I_1} = \frac{24}{4} = 6\,\Omega$$

전체 전압 V_A가 38V이므로 저항 R_3에는 전체 전압에서 V_1에 걸리는 전압을 뺀 값이 걸리게 된다. 즉

$$V_3 = V_A - V_1 = 38 - 24 = 14\,V$$

그래서 저항 R_3은

$$R_3 = \frac{V_3}{I_T} = \frac{14}{7} = 2\,\Omega$$

CHAPTER

6 키르히호프의 법칙

독일의 물리학자 키르히호프(Kirchhoff)는 단순히 직렬 및 병렬회로로 구분하기 어려운 복잡한 회로에서도 전압과 전류를 알아낼 수 있는 방법을 알아내어 오옴의 법칙만으로 풀기 어려운 복잡한 회로를 해석하는데 많은 도움을 주었다. 키르히호프의 법칙은 **전류법칙**과 **전압법칙** 두개의 법칙으로 이루어진다.

6-1 키르히호프의 전류법칙

키프히호프의 전류법칙은 전기회로의 어떤 한 점에서 모든 전류의 합은 항상 0 이다는 것이다. 그림 6-1과 같은 분기점에서

$$I_A + I_B + I_C = 0 \qquad (6-1)$$

여기서 분기점을 향해 들어오는 전류를 +방향이라고 정의하고 나가는 방향의 전류는 -라고 정의하였다.

그림 6-2와 같은 실제 회로에 적용시켜 보면 분기점 A점으로 들어오는 전류는 I_T이고 나가는 전류는 I_1과 I_2이다. 따라서 키르히호프의 전류법칙을 적용시켰을 때

[그림 6-1] 키르히호프의 전류법칙

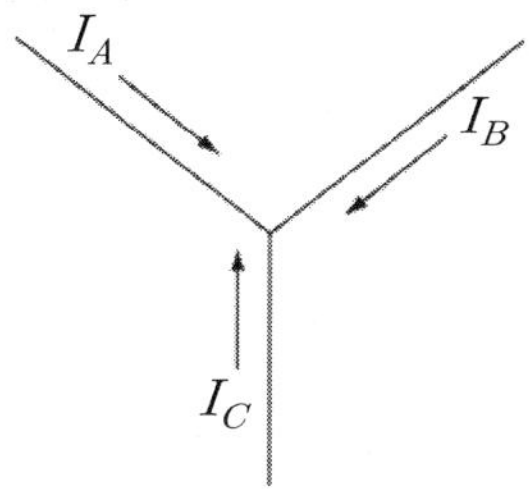

$$I_T + (-I_1) + (-I_2) = 0 \qquad (6-2)$$

이 식의 양 쪽에 I_1과 I_2 항을 더해주면

$$I_T = I_1 + I_2 \qquad (6-3)$$

[그림 6-2] 전류의 방향

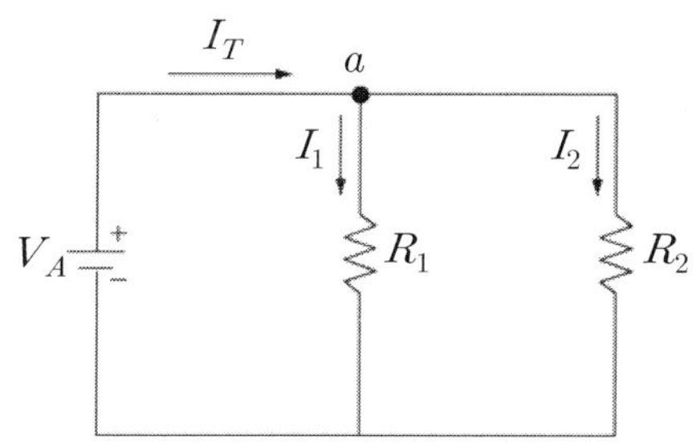

이 식에서 I_T는 a 분기점으로 들어오는 전류고 I_1과 I_2는 a 분기점에서 나가는 전류이며 식6-3의 오른쪽 항은 나가는 전류들의 합이다. 다시 말하면 회로내의 아무 지점에서든지 들어오는 전류와 나가는 전류의 양이 같다는 얘기다. 이것은 매우 상식적인 얘기처럼 들린다. 예를 들어 수돗물을 틀었을 때 수도꼭지로 나온 물의 양은 내가 써버린 물의 양과 같다는 것이다. 키르히호프는 그 당시 들어오는 전류와 나가

는 전류가 동일하다고 증명함으로써 상식적으로 들리면서도 중요한 법칙을 발견해 낸 것이다. 이것은 **에너지 보존 법칙**과 동일하다. 에너지 보존법칙은 모든 에너지의 합이 0이라는 것이다. 다시 말하면 투입된 에너지의 양과 써버린 에너지의 양이 동일하다. 이 단순한 법칙을 무시하는 사람들이 종종 있다. 예를 들어서 팽이가 있다고 하자. 이것을 한 번만 돌리면 계속해서 돌아가게 할 수 있다고 주장하는 사람들이 있다. 하지만 투입된 에너지(팽이를 돌리는 힘)는 팽이가 회전할 때 공기와의 마찰, 팽이 끝과 바닥과의 마찰에 의해 에너지를 써버리게 된다. 그래서 써버린 에너지의 양이 투입된 에너지의 양과 같으면 팽이는 더 이상 회전하지 않게 된다. 키르히호프의 법칙은 단순하지만 아주 중요한 법칙이다.

예제 6-1 exemple

그림 6-3 회로에서 $I_T = 16A$, $I_1 = 5A$, $I_2 = 4A$, $I_3 = 3A$ 일 때 I_4는 얼마인가?

[그림 6-3] 키르히호프의 전류법칙으로 모르는 전류 구하기

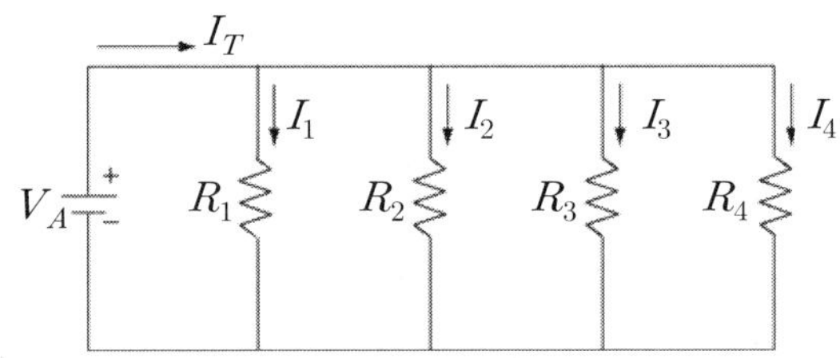

✔풀이 이 회로를 다시 그리면 **그림** 6−4와 같고 I_T는 분기점 a로 들어오고 나머지 전류는 분기점 a에서 나가고 있다. 분기점 a에서 키르히호프의 전류법칙에 의해

$$I_T = I_1 + I_2 + I_3 + I_4$$

[그림 6-4] 다시 그린 회로도

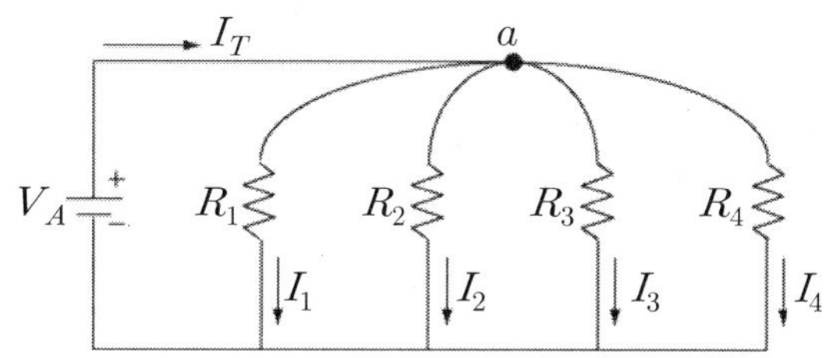

이므로 이 식을 I_4에 대해서 다시 쓰면

$$I_4 = I_T - I_1 - I_2 - I_3$$

이므로

$$I_4 = 16 - 5 - 4 - 3 = 4A$$

예제 6-2 exemple

그림 6-5와 같은 회로에서 미지전류를 구하라.

[그림 6-6] 직병렬 회로의 미지전류

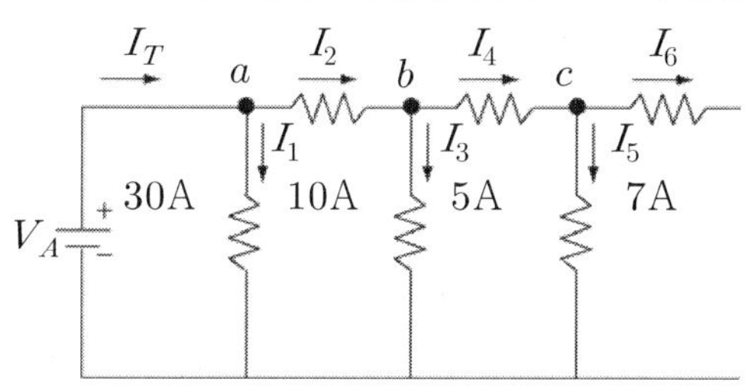

풀이 이 회로에서 3개의 분기점 a, b, c를 찾아낼 수 있다. 각 분기점에서 키르히호프의 전류법칙을 적용시킬 수 있는데 먼저 a에서

$$I_T = I_1 + I_2$$

를 적용시켜

$$I_2 = I_T - I_1 = 30 - 10 = 20A$$

분기점 b에서

$I_2 = I_3 + I_4$ 를 적용시켜

$$I_4 = I_2 - I_3 = 20 - 5 = 15A$$

분기점 c에서

$I_4 = I_5 + I_6$를 적용시켜

$$I_6 = I_4 - I_5 = 15 - 7 = 8A$$

6-2 키르히호프의 전압법칙

키르히호프의 전압법칙은 "폐회로에서 모든 전압의 합은 0이다."라는 것이다.

$$V_1 + V_2 + V_3 + ... V_N = 0 \qquad (6-4)$$

폐회로라고 하면 **그림** 6-6과 같이 끊어진 부분이 없는 회로를 의미한다. 반면에 **그림** 6-7은 끊어진 부분이 있으므로 폐회로가 아니다. 이를 열린회로를 의미하는 **개회로**라고 한다.

식 6-4를 적용할 때 반드시 전압의 극성에 주의하여야 한다. **그림** 6-8에서 시계방향으로 회전하면서 각 전압을 더한다고 가정하자. 가상적으로 선을 긋는다고 했을 때 이 때 V_A의 경우는 −쪽으로 들어가

+쪽으로 나오는 모양이 된다. 이 때에는 이 전압에 −를 붙인다. + 쪽으로 들어가 − 쪽으로 나오는 모양으로 선이 그어진다면 부호는 + 이다. 따라서 이 그림에 키르히호프의 전압법칙을 적용시키면

$$(-V_A) + V_1 + V_2 + V_3 = 0 \tag{6-5}$$

[그림 6−6] 폐회로

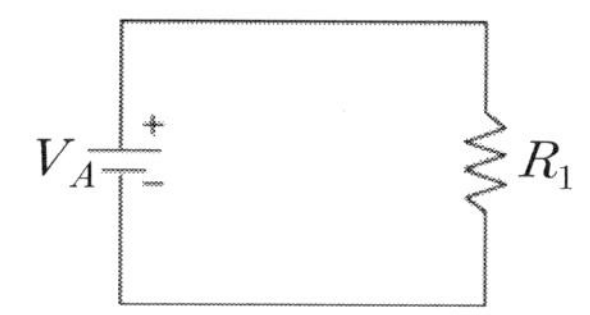

[그림 6−7] 개회로

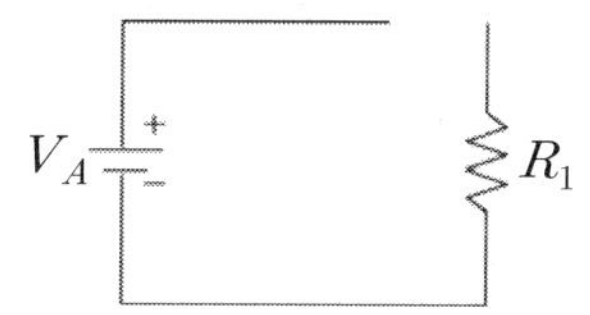

이 식의 양변에 V_A를 더하면

$$V_1 + V_2 + V_3 = V_A \tag{6-6}$$

여기서 왼쪽은 저항에서의 전압 강하이고 V_A는 전원이다. 따라서 공급된 전원은 각 저항에서의 전압강하의 합과 동일한 값을 갖게 된다.

예제 6-3 exemple

그림 6-8에서 $V_1 = 3\,V$, $V_2 = 4\,V$, $V_3 = 5\,V$ 일 때 V_A는 얼마인가?

✔풀이 식6－6에 따라

$$V_A = V_1 + V_2 + V_3 = 3+4+5 = 12\,V$$

[그림 6-8] 극성에 주의

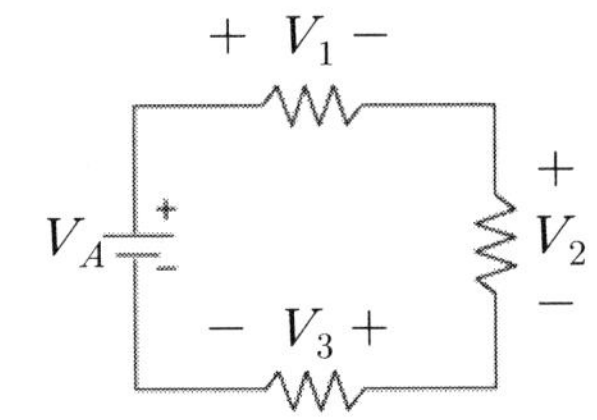

예제 6-4

그림 6-9와 같은 회로에서 $V_A = 60\,V$, $V_B = 20\,V$, $V_2 = 25\,V$, $V_3 = 10\,V$ 일 때 V_1 전압을 구하라.

[그림 6-9] 전원이 2개인 회로

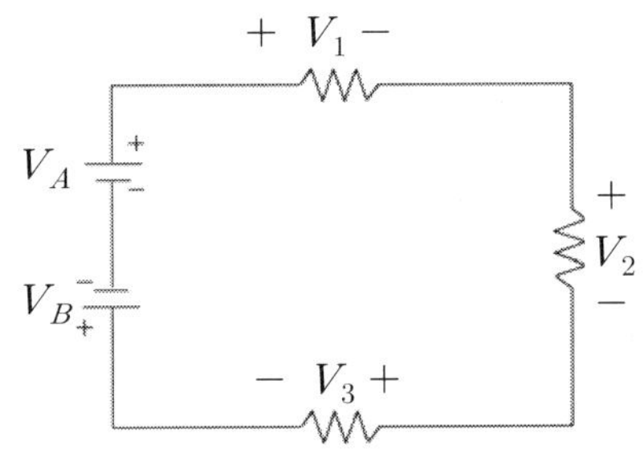

✔풀이 시계 방향으로 회전하면서 키프히호프의 전압법칙을 적용시키면

$$V_B + (-V_A) + V_1 + V_2 + V_3 = 0$$

위 식을 V_1에 대해서 정리하면

$$V_1 = V_A - V_B - V_2 - V_3$$

여기에 값을 직접 넣으면

$$V_1 = 60 - 20 - 25 - 10 = 5\,V$$

CHAPTER 6

예제 6-5 exemple

그림 6-10과 같은 회로에서 전류 $I = 5mA$이고 저항 $R_1 = 3.3k\Omega$, $R_2 = 5.2k\Omega$ 이고 전원 $V_A = 50\,V$일 때 저항 R_3에 걸리는 전압 V_3는 얼마인가? 미지 저항 R_3도 구하라.

[그림 6-10] 전류가 주어진 회로의 미지 전압

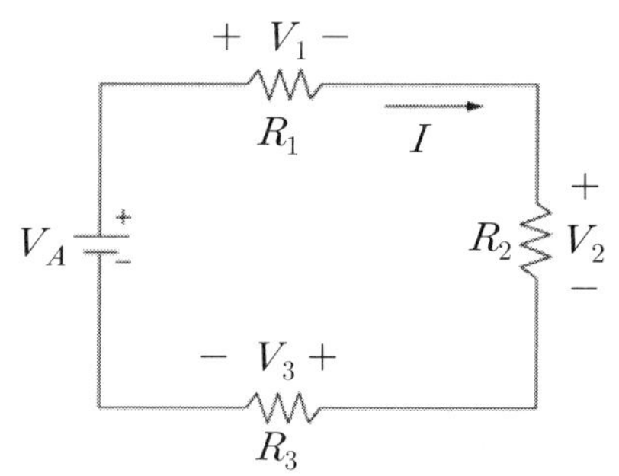

✔풀이 편의상 시계 방향으로 회전하면서 키르히호프의 법칙을 적용하면

$$(-V_A) + V_1 + V_2 + V_3 = 0$$

오옴의 법칙 $V = IR$을 이용하면 V_1, V_2를 구할 수 있으므로

$$V_1 = IR_1 = 0.005 \times 3300 = 16.5\,V$$

$$V_2 = IR_2 = 0.005 \times 5200 = 26\,V$$

따라서

$$(-V_A) + V_1 + V_2 + V_3 = (-50) + 16.5 + 26 + V_3$$

$$= -7.5 + V_3 = 0$$

이 식을 V_3에 대해서 풀면

$$V_3 = 7.5\,V$$

전류를 알고 전압을 아니까 오옴의 법칙 $V = IR$을 이용해서 $R = \frac{V}{I}$이므로

$$R_3 = \frac{V_3}{I} = \frac{7.5}{0.005} = 1500\Omega = 1.5k\Omega$$

6-3 키르히호프의 법칙을 이용한 회로 해석

키르히호프의 법칙을 이용하여 복잡한 회로의 전류나 전압을 구할 수 있는 방법은 여러 가지가 있다. 그러나 그 중에 키르히호프의 전압 법칙과 망방정식을 이용하면 모르는 전류(미지전류)를 구할 수 있고 오옴의 법칙을 이용해 전압도 구할 수 있다.

망(mesh)은 가장 간단한 폐회로(loop)를 의미한다. 폐회로 안에는 다른 폐회로가 있을 수 있지만 망 안에는 다른 망이나 폐회로가 존재할 수 없다. 최소 단위의 폐회로인 것이다. 그림 6-11에는 3개의 폐회로가 존재한다. abcfa로 구성되는 폐회로와 cdefc로 구성되는 폐회로

[그림 6-11] 망전류

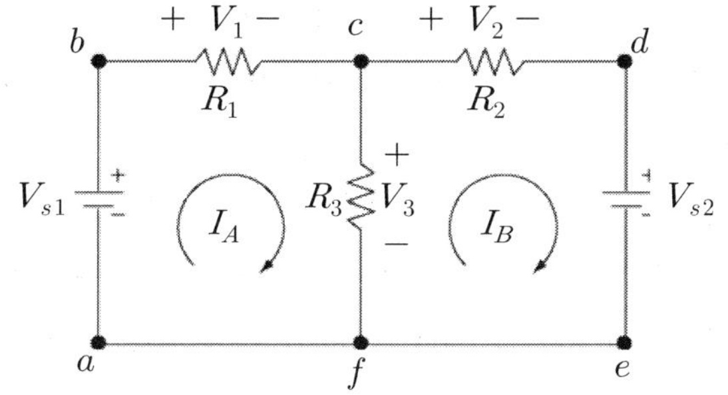

그리고 abcdefa로 구성되는 폐회로가 그것이다. 이 중에서 abcfa 폐회로 내부에는 다른 폐회로가 없으므로 abcfa는 폐회로도 되고 망도 된다. cdefc도 마찬가지다. abcdefa는 두개의 폐회로를 내부에 가지고 있으므로 폐회로에만 해당되고 망에는 해당되지 않는다.

망에는 망전류가 흐른다. 망전류란 해당되는 망에만 흐르고 다른 망에는 흐르지 않는 전류로 정의할 수 있다. 그림 6-11에는 2개의 망이 존재하고 당연히 2개의 망전류가 존재한다. 이 중 I_A는 abcfa 망에만 흐른다고 가정한다. bc 사이에서 흐르던 전류가 분기점 c에서 cd와 cf 두 군데로 나누어져 흘러야 하지만 여기서 정의된 망 전류 I_A는 자기가 속한 망에만 흐른다고 가정하였기 때문에 cd로는 흐르지 않고 cf로만 흐르게 된다.

cdefc 망에는 망전류 I_B가 흐르고 이 전류도 이 망 내에서만 흐른다고 가정한다. 따라서 분기점 f에서 R_3 저항 쪽으로만 흐르게 된다. 두 망이 서로 공유하는 저항 R_3에는 abcfa 망의 망전류 I_A와 cdefc망의 전류 I_B, 두 전류가 서로 반대 방향으로 흐르게 된다.

망전류의 방향을 정할 때는 어느 방향으로 정하여도 상관 없다. 지금은 편의상 시계 방향으로 회전한다고 가정했지만 반시계 방향으로 해도 되고 한쪽은 시계 방향 다른 쪽은 반시계 방향으로 해도 상관없다. 망전류를 구한 후에 망전류값이 +가 나오면 실제 흐르는 전류가 정해준 망전류와 같은 방향이고 −가 나오면 정해준 망정류와 반대 방향으로 실제 전류가 흐른다고 해석하면 된다.

망전류를 구할 때는 망방정식을 세워야 된다. 그림 6−11과 같은 회로에서는 두개의 망이 존재하므로 두개의 망방정식이 존재하고 미지수, 즉 모르는 전류, 우리가 구해야 할 전류는 2개 이므로 방정식을 풀면 I_A와 I_B를 구할 수 있다.

예제 6-6

그림 6−11과 같은 회로에서 저항 $R_1 = 10\Omega$, $R_2 = 15\Omega$, $R_3 = 5\Omega$, $V_{S1} = 35\,V$, $V_{S2} = 30\,V$ 일 때 망전류 I_A와 I_B를 구하라.

✔풀이 먼저 왼쪽 망에서 키르히호프의 전압법칙을 적용하면 식 하나를 얻을 수 있다.

$$(-V_{S1}) + V_1 + V_3 = 0$$

V_{S1}은 35V이고 오옴의 법칙에 따라 $V_1 = I_A R_1$ 이다. V_3를 구하는 것은 약간 복잡하다. V_3를 구하기 위해서는 R_3 양단에 흐르는 전류를 알아야 하는데 R_3 양단에는 두 망전류 I_A와 I_B가 동시에 흐르고 있다. 회로도에 표시된 전압 V_3는 위쪽이 +이고 아래쪽이 −이어서 전류가 위에서 아래로 흐른다고 가정한 상태다. 위에서 아래로 흐르는 전류가 I_A이고 반대로 아래에서 위로 흐르는 전류가 I_B이므로 위에서 아래로 흐르는 전류를 +로 설정하면 그 반대로 흐르는 전류는 −가 된다. 따라서 R_3 저항에 흐르는 전류는 $I_A - I_B$이다.

$$V_3 = (I_A - I_B)R_3$$

내친김에 V_2까지 구해보자. 회로도에 그려진 V_2의 극성과 망전류 I_B가 흐르는 방향이 일치하므로

$$V_2 = I_B R_2$$

이다. 만약 망전류가 반대 방향으로 설정된다면 V_2의 극성과 흐르는 전류의 방향이 반대이므로

$$V_2 = -I_B R_2$$

가 된다.

두 번째 망에 망전류가 흐르는 방향에 따라 키르히호프의 전압 법칙을 적용시키면

$$(-V_3) + V_2 + V_{S2} = 0$$

망방정식 2개를 다시 쓰면

$$(-V_{S1}) + V_1 + V_3 = 0$$

$$(-V_3) + V_2 + V_{S2} = 0$$

이고 여기에 앞에서 구한 V_1, V_2, V_3를 넣으면

$$(-V_{S1}) + I_A R_1 + (I_A - I_B) R_3 = 0$$

$$-(I_A - I_B) R_3 + I_B R_2 + V_{S2} = 0$$

이 식에 $R_1 = 10\Omega$, $R_2 = 15\Omega$, $R_3 = 5\Omega$, $V_{S1} = 35\,V$, $V_{S2} = 30\,V$를 대입하면

$$-35 + 10 I_A + 5(I_A - I_B) = 0$$

$$-5(I_A - I_B) + 15 I_B + 30 = 0$$

I_A와 I_B에 대해서 정리하면

$$15I_A - 5I_B = 35 \quad \cdots\cdots ①$$

$$-5I_A + 20I_B = -30 \quad \cdots\cdots ②$$

①+②×3 은
$55I_B = -55$이므로

$$I_B = -1A$$

이 값을 ① 에 대입하면

$$15I_A - 5\times(-1) = 35$$

이 식을 I_B에 대해 풀면 $I_A = 2A$
$I_B = -1A$ 는 I_B의 크기가 I_A이면서 실제로 흐르는 전류의 방향은 우리가 마음대로 정한 I_B의 방향과 반대로 흐르는 것을 의미한다.

이렇게 구해진 망전류를 이용해서 각 저항의 전압강하를 구하면

$$V_1 = I_A R_1 = 2\times 10 = 20\,V$$

$$V_2 = I_B R_2 = -1\times 15 = -15\,V$$

$$V_3 = (I_A - I_B)R_3 = (2-(-1))\times 5 = 15\,V$$

키르히호프의 법칙을 검증하기 위해 구해진 값을
$(-V_{S1}) + V_1 + V_3$에 구한 값을 넣어보면 0이 나오고
$(-V_3) + V_2 + V_{S2}$에 구한 값을 넣어보면 0이 나옴을 알 수 있다.

CHAPTER 7

회로를 해석하는 이론들

CHAPTER 7

좀 더 복잡하고 다양한 회로들을 해석(해석이라함은 모르는 전압 및 전류, 저항값 들을 구하는 것을 말한다.)하기 위해서는 앞에서 언급한 방법 외에 상황에 맞는 여러 가지 다양한 방법들을 사용하여야 한다. 여기서 제시하는 방법들은 중첩의 원리, 테브닌의 정리, 회로의 테브닌화, 노턴의 정리, 회로의 노턴화, 밀만의 정리 등이 있는데 이런 방법들을 앞으로 익혀보자.

7-1 중첩의 원리

[그림 7-1] 전압원의 내부저항

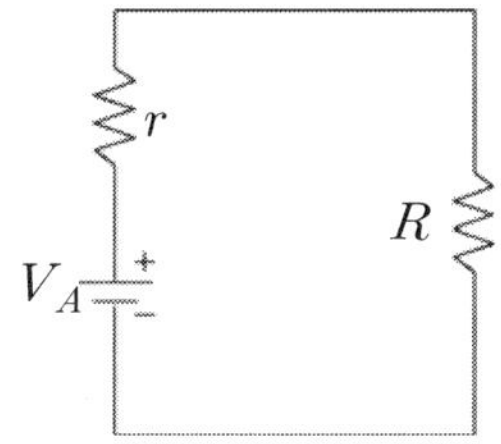

중첩의 원리에서는 전압원이나 전류원이 여러개 있을 때 회로를 해석하는 방법이 제시된다. 여러개의 전원이 동시에 존재하는 회로를 해

석할 때 한번에 하나의 전원만 살려 두고 나머지 전원은 내부저항으로 대치해 버린 후 회로를 해석하고 나중에 결과를 더하면 된다.

전원의 내부저항은 전압원과 전류원일 때가 서로 다르다. **그림 7-1**과 같은 회로를 생각해 보자. 이 때 저항 r은 전압원의 내부저항이다. 이상적인 전압원은 이 r이 0Ω이다. 이 회로에서 저항 R에 걸리는 전압 V_R을 계산해보자.

$$V_R = \frac{R}{R+r} V_A \tag{7-1}$$

저항 R이 전구라고 생각해도 좋고 전기밥솥이어도 좋고 CD 플레이어라도 좋다.(이렇게 전원에 연결해서 쓰는 전기 전자 제품들은 저항 R로 표시될 수 있는데 이 때 이 저항을 **부하저항**이라고 하며 편의상 R_L로 주로 표현한다. L은 우리말 부하, 즉 힘들게 지고 가는 짐을 의미하는 영어 Load의 첫글자이다.) 편의상 CD 플레이어라고 하자. 전압원은 건전지라고 하고 건전지의 표시 전압이 1.5 V이고 내부저항이 r이라고 하자. 전원 V_A는 표시된 전압 1.5 V 모두를 CD 플레이어에 넘겨줄 수 있으면 참 좋은 건전지일 것이다. 가장 이상적인 경우는 r이 0인 경우이다. 이 때 $V_R = V_A$이다. 만약 건전지를 오래 쓰게 되면 내부저항 r이 증가하여 V_R은 점점 줄어들 것이다. 건전지를 생각해 보면 전압원의 내부 저항이 **그림 7-1**과 같이 전압원과 직렬로 있는 것이 들어맞는 것 같다.

전류원의 경우는 **그림 7-2**와 같이 내부 저항이 전류원과 병렬로 존재한다. 이 경우는 내부 저항이 크면 클 수록 이상적인 전류원에 가깝다. 이상적인 경우는 내부저항 r이 무한대이다. 무한대라는 말은 r이 끊어진 상태와 같다.

[그림 7-2] 전류원의 내부저항

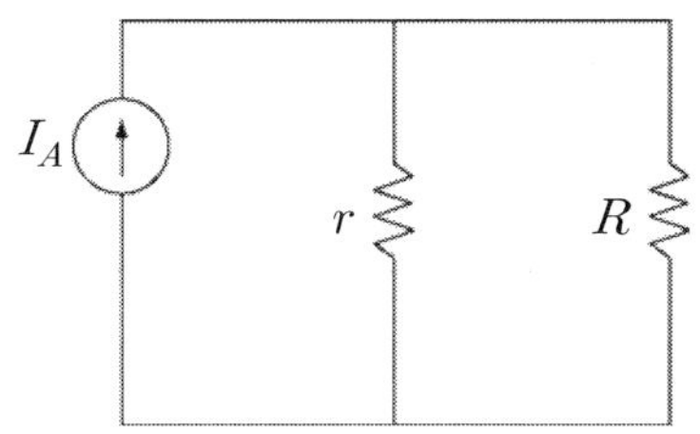

따라서 전원을 내부저항으로 대치할 때 이는 이상적인 내부저항을 의미하게 되고 이상적인 전압원의 경우는 내부저항이 0Ω 이므로 그냥 전선으로 대치하고 이상적인 전류원인 경우는 내부저항이 무한대이므로 끊어진 상태로 간주한다.

중첩의 원리를 적용시키는 순서는 다음과 같다.

1. 한번에 한개의 전원만 살려두고 나머지는 다 없앤다.(즉 전압원의 경우는 전압원이 있던 자리에 전압원을 제거하고 제거했을 때 남아 있는 두 선 사이를 연결해 준다. 전류원인 경우는 전류원을 제거하고 두 선 사이를 끊어진 채로 그대로 둔다.)
2. 이 상태에서 회로를 해석한다.(즉 전류 및 전압을 구한다.)
3. 모든 전원에 대해 1번과 2번을 반복해서 실시한다.
4. 이렇게 구한 전류 및 전압을 더한다.(방향을 잘 고려한다. 미리 + 방향과 −방향을 정해놓고 같은 방향이면 +, 다른 방향이면 −를 붙인다.)

예제 7-1 exemple

다음 회로에서 $R_1 = 10Ω$, $R_2 = 15Ω$, $R_3 = 5Ω$, $V_{S1} = 35\,V$, $V_{S2} = 30\,V$ 일 때 저항 R_3에 흐르는 전류 I_3를 구하라.

[그림 7-3] 중첩의 원리

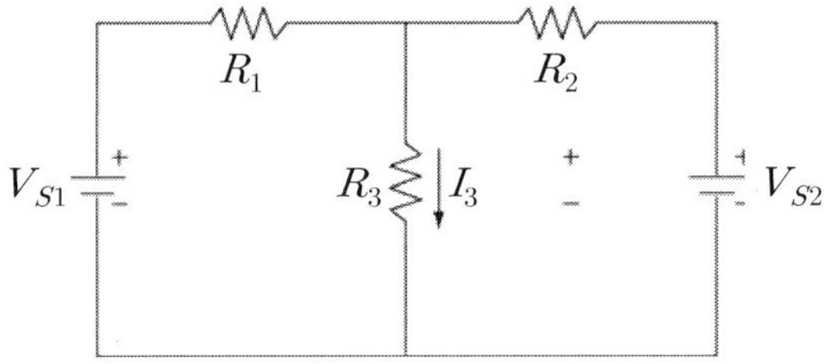

풀이 먼저 전압원 V_{S2}를 제거하고 V_{S1}만 살린 채 저항 R_3에 흐르는 전류 I_{31}을 구해보자. 그림 7-4에 회로도가 나타나 있다. 먼저 전체전류 I_T를 구한다. I_T를 구하려면 회로의 합성저항 R_T를 구해야 하는데 이 회로는 전압원에서 전류가 흘러갈 때 R_2와 R_3가 있는 지로에서 전류가 갈라지므로 R_2와 R_3가 병렬이고 그것과 R_1이 직렬이다.

[그림 7-4] V_{S1} 전압원만 살린 회로

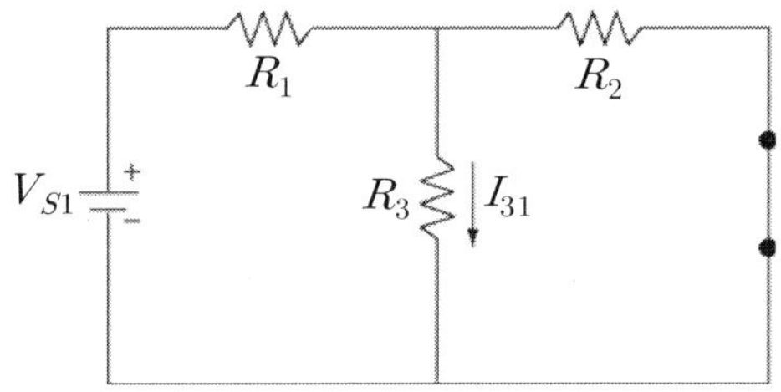

$$R_T = R_1 + \frac{R_2 R_3}{R_2 + R_3} = 10 + \frac{15 \times 5}{15 + 5} = 10 + \frac{75}{20} = 13.75\Omega$$

$$I_T = \frac{V_{S1}}{R_T} = \frac{35}{13.75} = 2.55A$$

$$I_{31} = \frac{R_2}{R_2 + R_3} I_T = \frac{15}{15+5} \times 2.55 = 1.91A$$

다음에 전압원 V_{S2}만 살리고 나머지는 제거한 채 저항 R_3에 흐르는 전류 I_{32}를 구한다. 그림 7-5에 회로가 그려져 있다. 전체전류 I_T를 구하기 위해서는 전체저항 R_T를 구하여야 한다. 이 회로는 전원 V_{S2}에서 전류가 흘러나갈 때 R_1과 R_2과 있는 지로에서 갈라지므로 R_1과 R_3는 병렬관계이고 이들과 R_2는 직렬인 직병렬회로이다.

CHAPTER 7

[그림 7-5] V_{S2} 전압원만 살린 회로

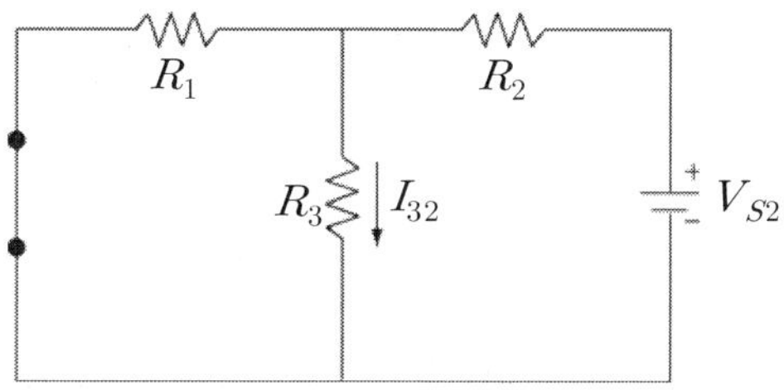

$$R_T = R_2 + \frac{R_1 R_3}{R_1 + R_3} = 15 + \frac{10 \times 5}{10+5} = 15 + \frac{50}{15} = 18.33A$$

$$I_T = \frac{V_{S2}}{R_T} = \frac{30}{18.33} = 1.64A$$

$$I_{32} = \frac{R_1}{R_1 + R_3} I_T = \frac{10}{10+5} \times 1.64 = 1.09A$$

I_3는 각 전원에 의한 전류 I_{31}과 I_{32}의 합이다.

$$I_3 = I_{31} + I_{32} = 1.91 + 1.09 = 3.00A$$

예제 7-2 exemple

$R_1 = 100\Omega$, $R_2 = 56\Omega$, $I_{S1} = 100mA$, $I_{S2} = 30mA$일 때 그림 7-6 회로에서 R_1 저항에 걸리는 전압을 구하라.

✔풀이 먼저 전류원 I_{S2}를 제거하면 **그림** 7－7과 같이 된다. 이상적인 전류원의 내부저항은 무한대이므로 끊어진 상태나 마찬가지고 전류원을 내부저항으로 대체하므로 전류원 I_{S2}가 있던 자리는 끊어진다.

[그림 7-6] 두개의 전류원이 있는 회로

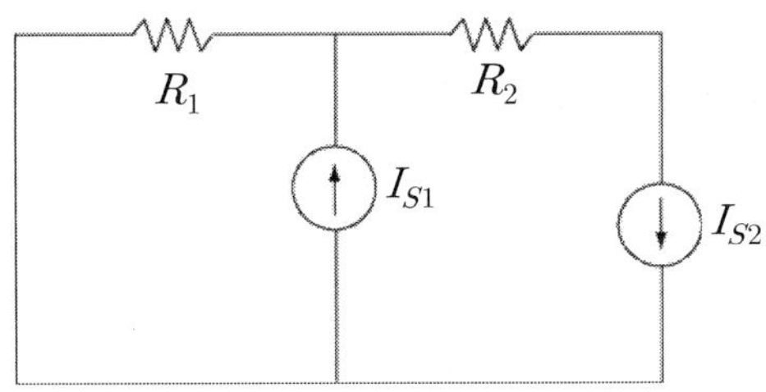

[그림 7-7] I_{S1} 전류원만 있을 때

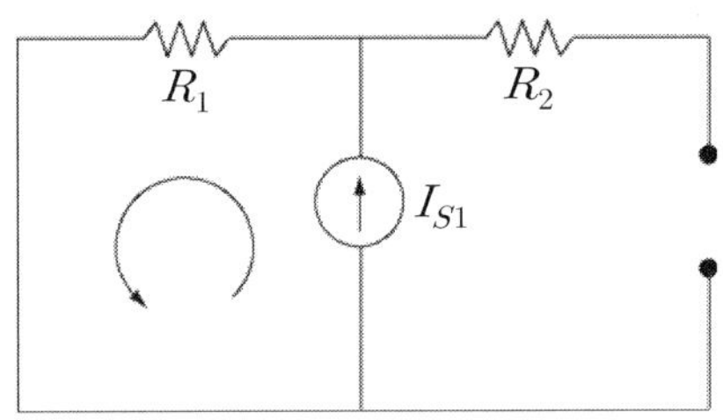

[그림 7-8] I_{S2} 전류원만 있을 때

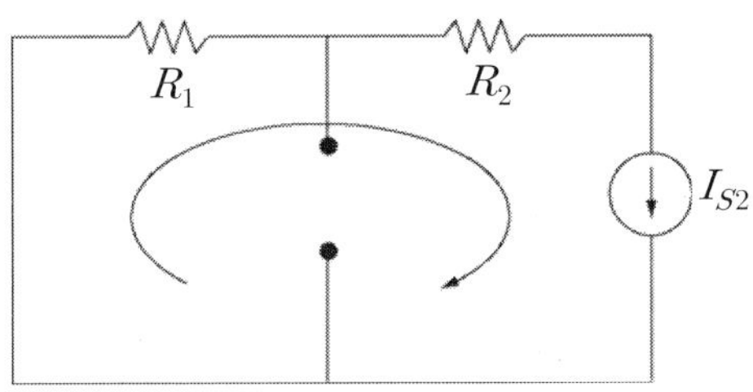

따라서 전류원 I_{S1}에서 나오는 전류는 저항 R_2가 있는 지로로 흘러가지 못하고(지로가 끊어져 있으므로) 저항 R_1쪽으로만 흐른다. 그러므로 R_1 양단의 전압강하 V_{11}은

$$V_{11} = I_{S1}R_1 = 0.1 \times 100 = 10\,V$$

그림 7-8처럼 전류원 I_{S2}만 살아 있고 I_{S1}을 제거하면 모든 전류가 R_1과 R_2를 지나는 직렬회로를 통해 흐른다. 이 때 R_1 양단의 전압강하 V_{12}는 전류 I_{S2}가 그림 7-7의 경우와 반대로 흐르므로 그림 7-7을 기준으로 하면 -가 된다.

$$V_{12} = -\,I_{S2}R_1 = 0.03 \times 100 = -\,3\,V$$

결국

$$V_1 = V_{11} + V_{12} = 10 + (-3) = 7\,V$$

7-2 테브닌의 정리

[그림 7-9] 테브닌 정리 적용 이전의 회로

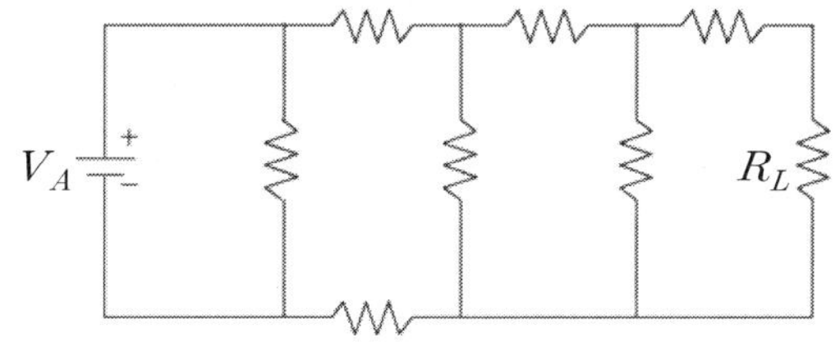

테브닌의 정리는 프랑스의 과학자 Thevenin의 이름을 딴 것으로 복잡한 회로망을 간략화하는데 사용된다. 아무리 복잡한 회로라도 하나의 전압원과 그와 직렬로 연결된 저항으로 간략화 할 수 있다는 것이 테브닌 정리이다. 테브닌 정리는 부하저항이 있고 그 부하저항과 연결된 복잡한 회로가 있을 때 부하저항을 제외한 나머지 회로를 간단히 하나의 전압원과 하나의 저항으로 바꾸는 기술이다.

그림 7-9와 같이 복잡한 회로를 생각해 보자. 이 회로의 부하저항 R_L은 CD 플레이어의 모터일 수도 있고 오디오 앰프에 연결된 스피커일 수도 있다. 예를 들어 부하저항이 8Ω 스피커인 회로와 연결된 회로라고 해 보자. 이 때 R_L은 8Ω이다. 그러나 스피커 대신 4Ω짜리 이어폰을 연결했을 경우에 이어폰에 흐르는 전류나 이어폰 양단의 전압강하를 알고자 하면 어떻게 해야 하는가?

이미 8Ω 스피커에 대한 해석을 다 끝내 놓았는데 다시 4Ω 이어폰에 대한 해석을 요구하면 복잡한 회로를 다시 해석해야 한다는 결론을 얻을 수 있다. 이 때 유용하게 쓸 수 있는 것이 테브닌의 정리이다. 즉 스피커를 제외한 나머지 부분을 테브닌의 정리를 이용해서 그림 7-10과 같이 하나의 전압원과 하나의 저항으로 바꾸어 놓는 것이다. 이 때 전압원과 저항은 원래 회로가 있을 때와 똑 같은 특성을 갖고 있어야 하므로 이 전압원과 저항을 **등가전압**, **등가저항**이라고 하고 특별히 테브닌의 정리에서는 **테브닌 등가전압**, **테브닌 등가저항**이라고 하며 각각 V_{th}, R_{th}로 표현한다. 이제는 부하저항을 얼마로 바꾸든지 간에 상관없이 그림 7-10과 같은 간단한 회로만 해석하면 부하저항에 흐르는 전류, 양단 전압강하를 쉽게 구할 수 있다.

[그림 7-10] 테브닌 등가회로

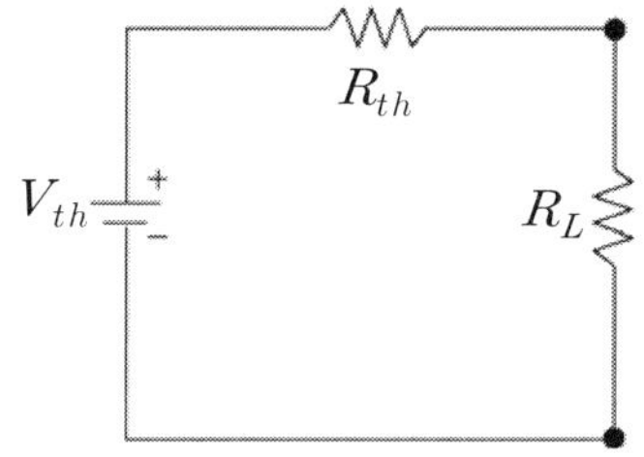

테브닌 등가전압과 등가저항으로 이루어진 회로를 테브닌 등가회로라고 한다. 등가회로란 원래 회로와 다른 모양을 갖는 회로이지만 똑같은 특성을 갖고 있는 회로를 말한다. 테브닌 등가회로를 구한다는 것은 테브닌 등가전압 및 테브닌 등가저항을 구하는 것으로 다음과 같은 절차를 거쳐야 한다.

1. 부하저항이 있을 경우 부하저항을 제거하고 제거된 자리를 연결하지 않고 그대로 둔다.
2. 부하저항이 연결되어 있던 단자 양단에 걸리는 전압을 구한다. 이 전압이 테브닌 등가전압 V_{th}이다.
3. 전원을 제거한다. 전원이 전압원일 경우는 제거한 후 끊어진 부분을 선으로 연결하고 전류원일 경우는 끊어진 채로 그대로 둔다.
4. 부하저항이 있던 곳에서 측정한 합성저항을 구한다. 이것이 테브닌 등가저항 R_{th}이다.

예제 7-3 exemple

그림 7-11과 같은 회로에서 $R_1 = 4k\Omega$, $R_2 = 6k\Omega$, $V_A = 30\,V$일 때 이 회로의 테브닌 등가회로를 구하라.

[그림 7-11] 부하저항이 있는 회로

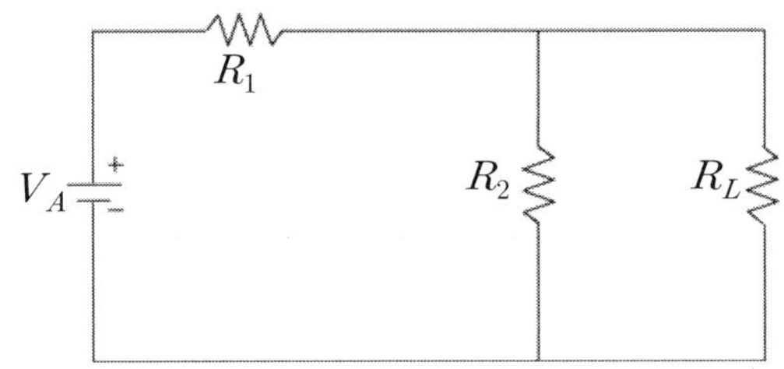

✔풀이 먼저 부하저항 R_L을 제거하고 그 곳에 걸리는 전압을 구한다. 즉 그림 7－12에서 ab 양단 전압을 구한다. ab 양단 전압은 저항 R_2 양단 전압이 되므로

[그림 7-12] 부하저항을 제거한 회로

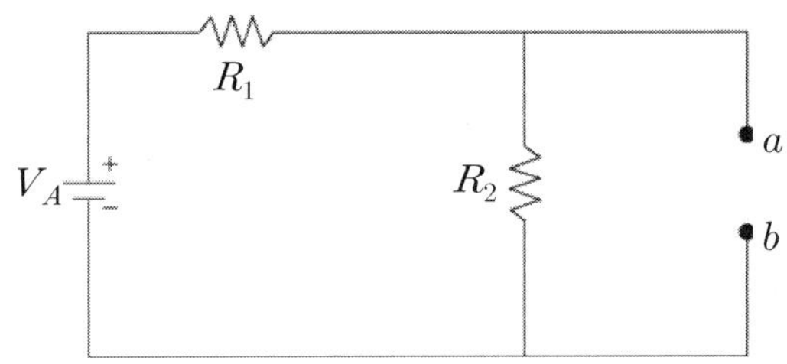

$$V_{th} = \frac{R_2}{R_1 + R_2} V_A = \frac{6}{4+6} \times 30 = 18\,V$$

전압원을 제거하고 그 자리를 선으로 연결하고 부하저항이 있던 자리에서 저항을 계산한다. 그림 7－13에서 ab 양단은 부하저항이 있던 곳으로 이 곳에서 저항을 측정한다고 생각하고 이 값을 계산한다. ab 양단에서 바라본 저항을 구하면 이것이 테브닌 등가저항 R_{th}이다.. 이 경우 a에서 전류가 흘러 b로 간다고 생각하면 저항 R_1이 있는 지로와 저항 R_2가 있는 지로가 연결된 곳에서 두 지로로 나누어 흐르게 된다. 따라서 저항 R_1과

R_2는 서로 병렬 관계이다.

$$R_{th} = \frac{R_1 R_2}{R_1 + R_2} = \frac{4000 \times 6000}{4000 + 6000} = \frac{24000000}{10000} = 2400\Omega$$
$$= 2.4k\Omega$$

[그림 7-13] 전압원을 제거한 회로

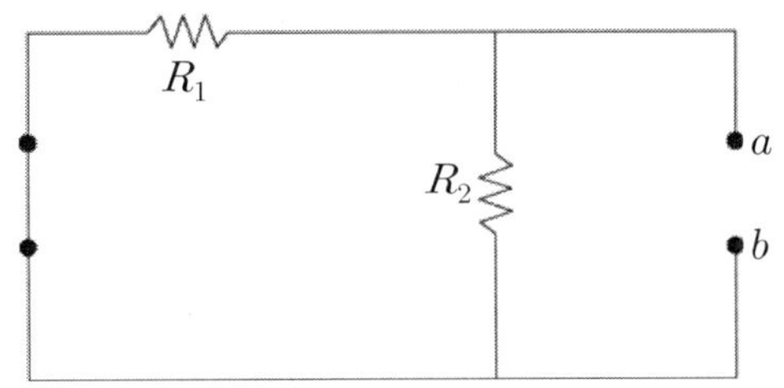

[그림 7-14] 테브닌 등가회로

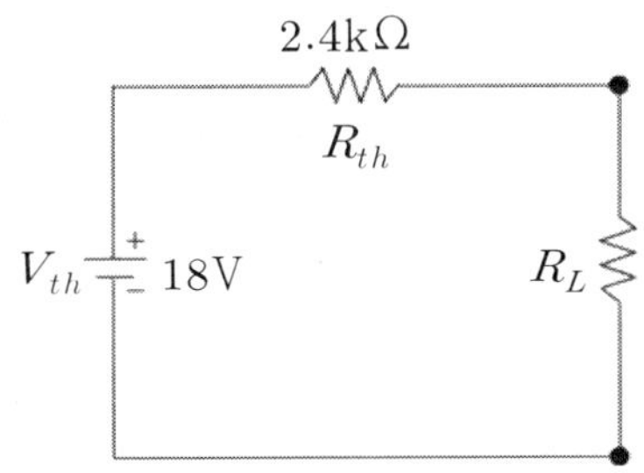

예제 7-4 exemple

그림 7-11과 같은 회로에서 $R_1 = 4k\Omega$, $R_2 = 6k\Omega$ $V_A = 30\,V$ 이고 부하저항 R_L이 $3k\Omega$일 때 부하저항 R_L에 흐르는 전류를 구하라.

✔풀이 (1) 그림 7-11을 이용해서 구하는 방법

저항 R_2와 부하저항 R_L이 서로 병렬이므로 합성하면

$$R_{2L}=\frac{R_2R_L}{R_2+R_L}=\frac{6000\times3000}{6000+3000}=\frac{18000000}{9000}=2000\Omega$$
$$=2k\Omega$$

[그림 7-15] 병렬저항 합성회로

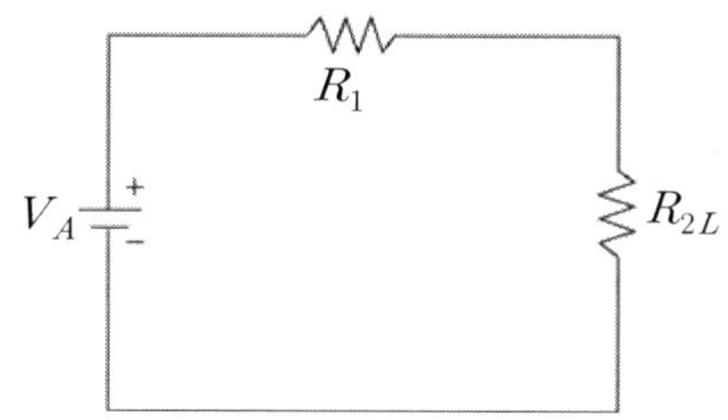

병렬저항 R_2와 R_L을 합성한 회로는 그림 7-15와 같다.
R_1과 R_{2L}은 직렬이므로 합성저항 R_{2L}에 흐르는 전류는

$$I_{2L}=\frac{V_A}{R_1+R_{2L}}=\frac{30}{4000+2000}=0.005A=5mA$$

이 전류가 R_2와 R_L에 나누어 흐르고 둘 사이는 병렬이므로

$$I_L=\frac{R_2}{R_2+R_L}I_{2L}=\frac{6000}{6000+3000}\times5mA=3.33mA$$

(2) 그림 7-14와 같은 테브닌 등가회로를 이용해서 구하는 방법

$$I_L=\frac{V_{th}}{R_{th}+R_L}=\frac{18}{2400+3000}=3.33mA$$

한번 등가회로를 구해 놓으면 부하가 바뀔 때 마다 1)번 풀이처럼 복잡한 과정을 거칠 필요없이 2)번 풀이처럼 간단하게 구할 수 있다.

예제 7-5

그림 7-16과 같은 회로에서 $R_1 = 4k\Omega$, $R_2 = 6k\Omega$, $R_3 = 600\Omega$ $V_A = 20V$ 일 때 테브닌 등가회로를 구하라.

✔풀이 먼저 부하저항 R_L을 제거하고 부하저항이 있던 곳 양단(그림 7-17의 ab) 에 걸리는 전압을 구한다. ab 양단이 끊어져 있으므로 R_3저항으로는 전류가 흐르지 못하는 것에 유의한다. 따라서 R_3 양단의 전압강하는 $0V$ 이다. 따라서 ab 양단의 전압은 저항 R_2 양단의 전압과 동일하며 이 전압이 테브닌 등가전압 V_{th}이다.

[그림 7-16] 세 개의 저항이 있는 회로

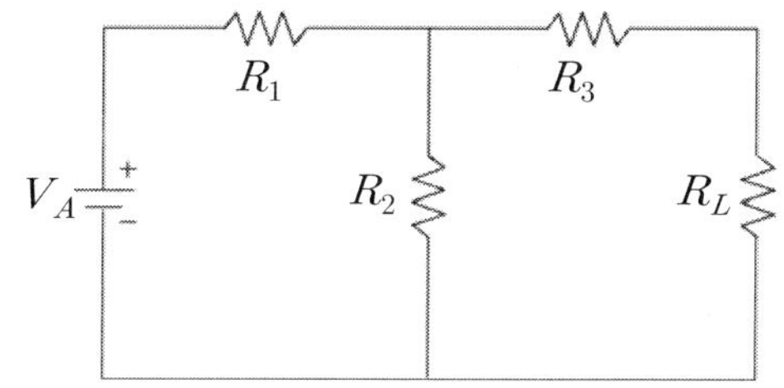

[그림 7-17] 부하저항을 제거한 회로

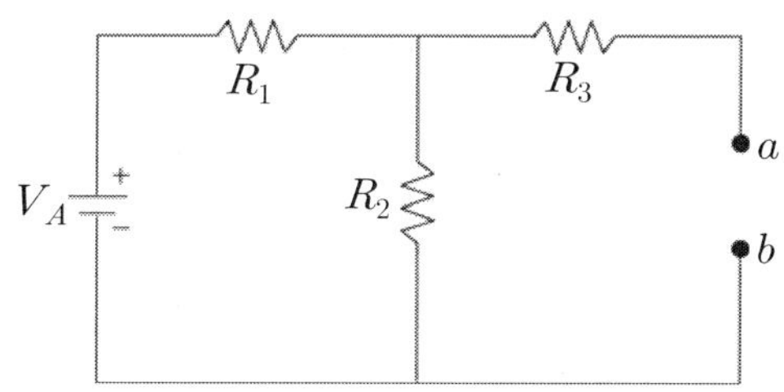

[그림 7-18] 전압원도 제거한 회로

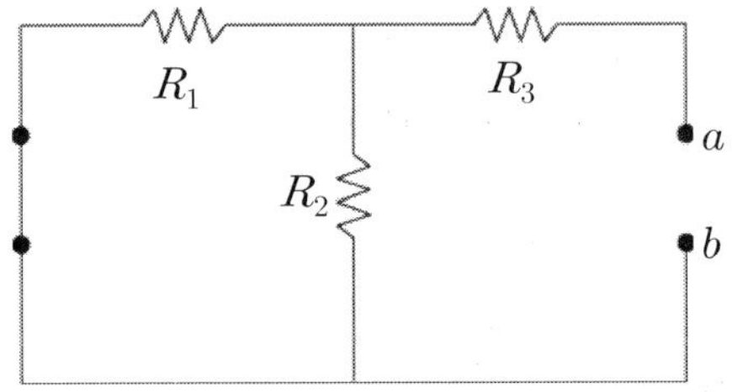

$$V_{th} = V_{R2} = \frac{R_2}{R_1 + R_2} V_A = \frac{6000}{4000 + 6000} \times 20 = 12\,V$$

그림 7-17 회로에서 전압원을 제거하면 그림 7-18과 같다. 이 회로에서 ab에서 바라본 저항을 계산한다. a에서 전류가 흘러 b 로 간다면 R_1과 R_2가 있는 지로에서 둘로 나누어지므로 R_1과 R_2는 병렬관계이고 이것과 R_3는 직렬관계이다.

$$R_{th} = \frac{R_1 R_2}{R_1 + R_2} + R_3 = \frac{4000 \times 6000}{4000 + 6000} + 600 = 2400 + 600$$

$$= 3000\Omega = 3k\Omega$$

[그림 7-19] 그림 7-16 회로의 테브닌 등가회로

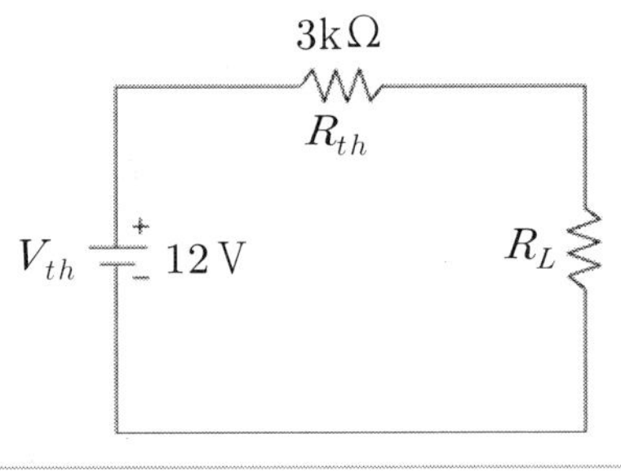

예제 7-6

exemple

그림 7-20 회로와 같이 두개의 전압원이 있는 회로에서 $R_1 = 12k\Omega$, $R_2 = 4k\Omega$, $R_L = 2k\Omega$, $V_A = 40\,V$, $V_B = 20\,V$ 일 때 이 회로를 테브닌 등가회로로 변환하고 부하저항 R_L에 흐르는 전류를 구하라.

[그림 7-20] 두개의 전압원이 있는 회로

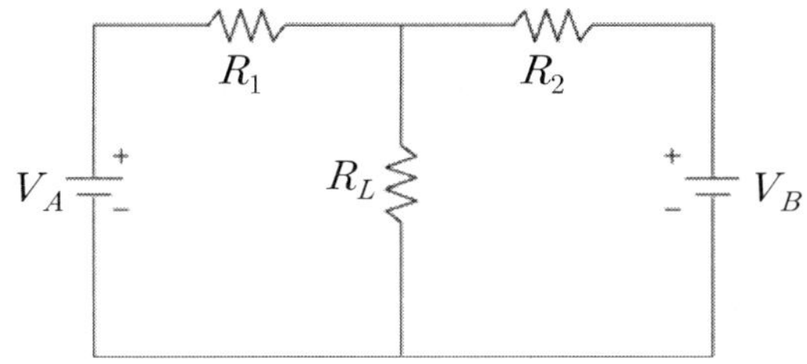

풀이 이 회로에서 저항을 제거하면 그림 7-21과 같다. ab 양단에 걸리는 전압 V_{ab}를 구하면 테브닌 등가전압 V_{th}가 된다. 전원이 두개이므로 중첩의 원리를 이용하여 V_{ab1}과 V_{ab2}를 구하여 더하면 테브닌 등가전압 V_{th}를 구할 수 있다.

[그림 7-21] 부하저항을 제거한 회로

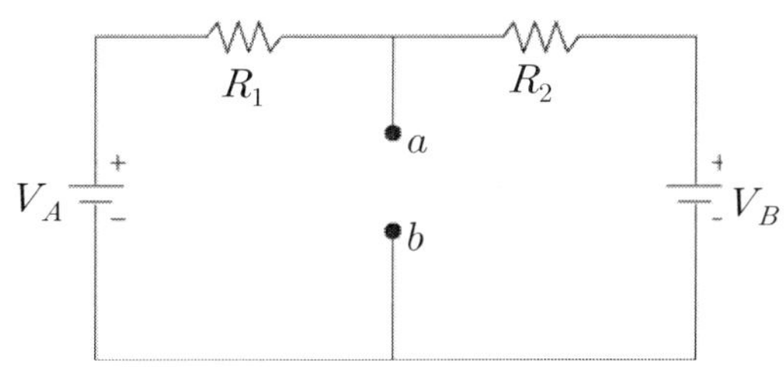

[그림 7-22] 전압원 V_B를 제거한 회로

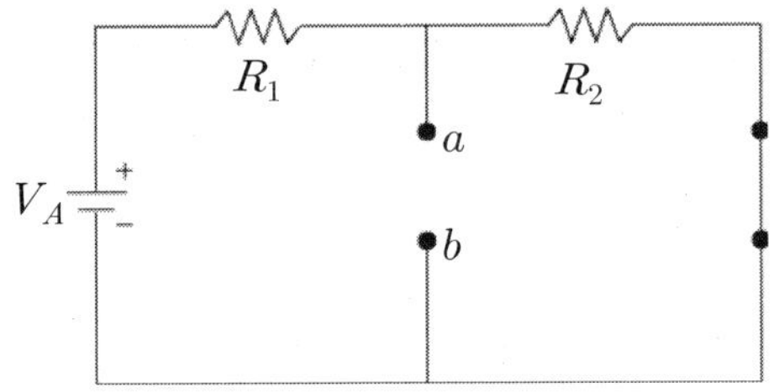

그림 7-21 회로에 중첩의 원리를 적용시켜서 먼저 V_A전압원만 존재할 때 ab 양단 전압 V_{ab1}을 구한다. 전압원 V_A만 두고 V_B를 제거한 회로가 그림7-22에 있다. V_{ab1}은 저항 R_2 양단 전압이므로

$$V_{ab1} = \frac{R_2}{R_1 + R_2} V_A = \frac{4000}{12000 + 4000} \times 40 = \frac{1}{4} \times 40 = 10\,V$$

전압원 V_B를 두고 전압원 V_A를 제거하면 그림 7-23 회로와 같이 되고 전압원 V_B에 의한 ab 양단 전압 V_{ab2}는 R_1 양단 전압과 동일하다.

$$V_{ab2} = \frac{R_1}{R_1 + R_2} V_B = \frac{12000}{12000 + 4000} \times 20 = \frac{3}{4} \times 20 = 15\,V$$

[그림 7-23] 전압원 V_A를 제거한 회로

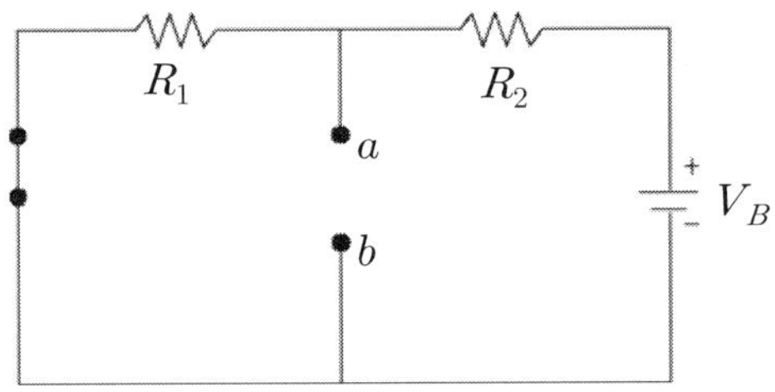

두 전압을 더하면

$$V_{th} = V_{ab1} + V_{ab2} = 10 + 15 = 25\,V$$

테브닌 등가저항 R_{th}를 구하기 위해서는 두 전압원을 그림 7-24와 같이 모두 제거한다.

[그림 7-24] 부하저항 및 두 전압원을 제거한 회로

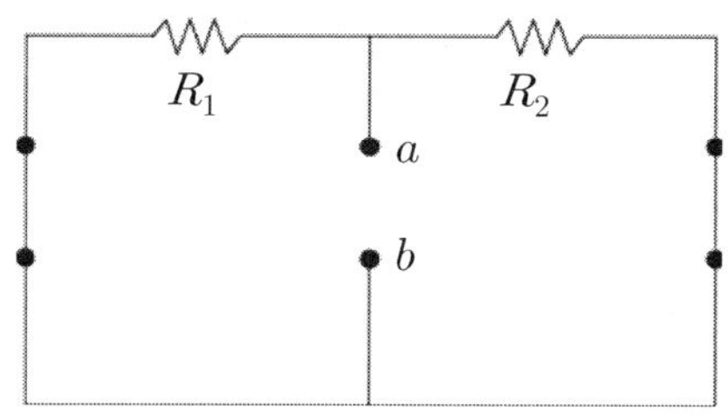

이 회로에서 ab 양단에서 바라본 저항을 구하면 된다. a에서 전류가 흘러간다고 가정하면 저항 R_1이 있는 지로와 저항 R_2가 있는 지로로 갈라져서 흐르게 된다. 따라서 저항 R_1과 R_2는 서로 병렬 관계이다. 따라서 테브닌 등가저항 R_{th}는

$$R_{th} = \frac{R_1 R_2}{R_1 + R_2} = \frac{12000 \times 4000}{12000 + 4000} = \frac{48000000}{16000} = 3000\Omega$$

$$= 3k\Omega$$

테브닌 등가회로는 그림 7-25 와 같다.
부하저항을 통해서 흐르는 전류 I_L은

$$I_L = \frac{V_{th}}{R_{th} + R_L} = \frac{25}{3000 + 2000} = 0.005A = 5mA$$

[그림 7-25] 테브닌 등가회로

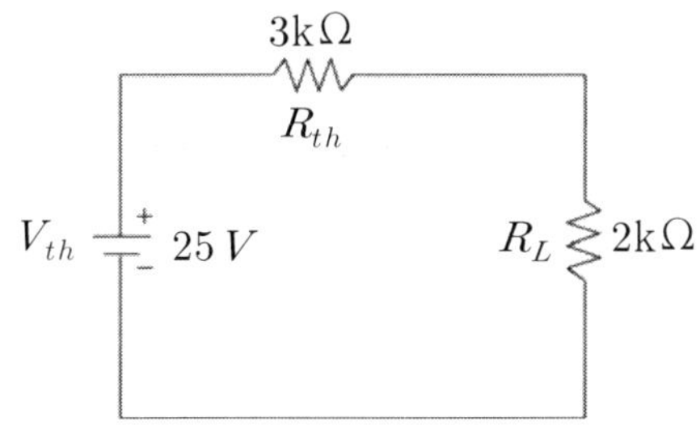

7-3 노턴의 정리

노턴의 정리는 테브닌의 정리와 유사하지만 전압 대신에 전류를 써서 회로를 단순화시킨다. 벨 전화기 회사에 근무하던 과학자 Norton의 이름 따서 노턴의 정리라고 한다. 경우에 따라 전압원을 써서 단순화하는 것보다 전류원을 써서 단순화하는 것이 훨씬 간편할 수 있다.

아무리 복잡한 회로라도 그림 7-26의 회로도처럼 하나의 전류원과 그와 병렬인 저항으로 나타낼 수 있다. 이 때 이 전류원을 노턴 등가전류라고 하고 저항을 노턴 등가저항이라고 한다. 노턴 등가전류는 I_N, 노턴 등가저항은 R_N으로 표시한다. 여기서 N은 Norton의 첫글자이다.

회로를 노턴화하기 위해서는 즉 노턴 등가회로를 만들기 위해서는

1. 부하저항을 제거하고 그 자리를 선으로 연결한다.
2. 연결된 곳에 흐르는 전류를 크기를 계산한다. 이 전류가 노턴 등가전류 I_N이다.
3. 전원을 제거한다.
4. 부하저항을 제거한 곳을 1번에서 선으로 연결하였으나 다시 끊고 이 곳에서 바라본 저항값을 계산한다.

[그림 7-26] 노턴 등가회로

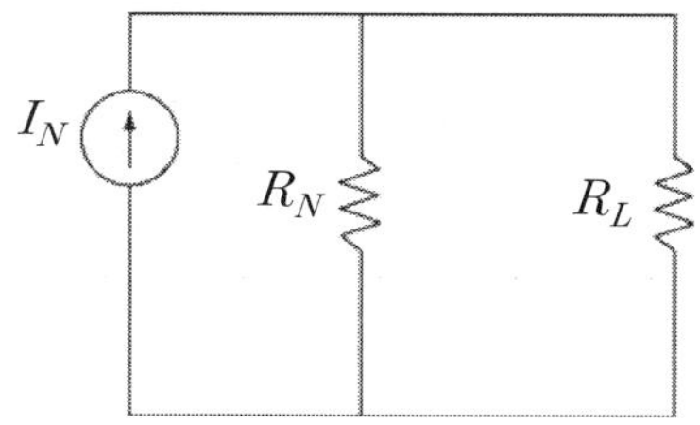

예제 7-7

그림 7-27에 그려진 회로에서 $R_1 = 2k\Omega$, $R_2 = 6k\Omega$, $R_L = 3k\Omega$, $V_A = 18V$ 일 때 노턴 등가회로를 구하라.

[그림 7-27] 노턴의 정리 응용

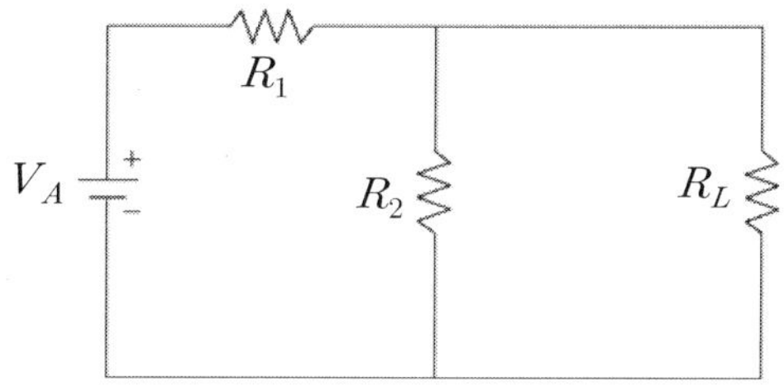

풀이 먼저 부하저항을 제거하고 전선으로 잇는다.(물론 제거하지 않고 부하저항 양단을 전선으로 바로 이어도 된다. 어차피 전류는 부하저항으로 흐르지 않고 저항이 0 인 전선으로 흐르게 된다.) 그림 7-28과 같이 이어진 부분으로 흐르는 전류를 계산한다. R_2 양단이 선으로 연결되어 있으므로 저항 R_2 쪽으로는 전혀 전류가 흐르지 않고 모든 전류는 R_2 양단을 연결한 선 쪽으로 흐른다. 따라서 이 회로는 그림 7-29 회로와 동일한 회로이다. 그래서 노턴 등가전류 I_N은

$$I_N = \frac{V_A}{R_1} = \frac{18}{2000} = 0.009A = 9mA$$

[그림 7-28] I_N구하기

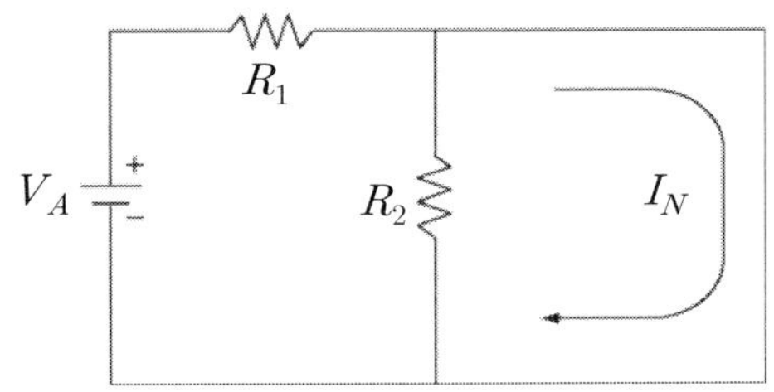

[그림 7-29] 그림7-28과 같은 회로

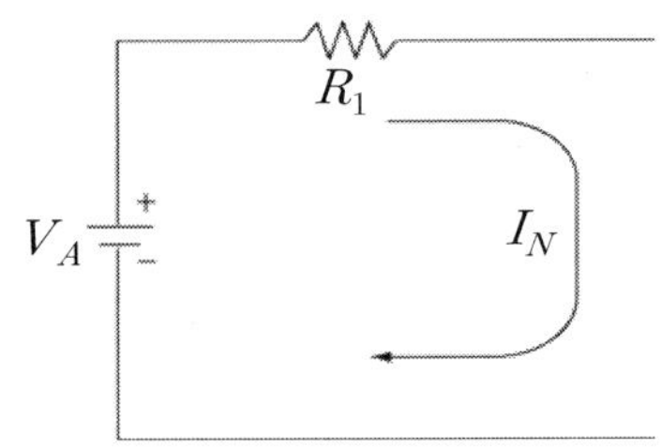

[그림 7-30] 노턴 등가저항

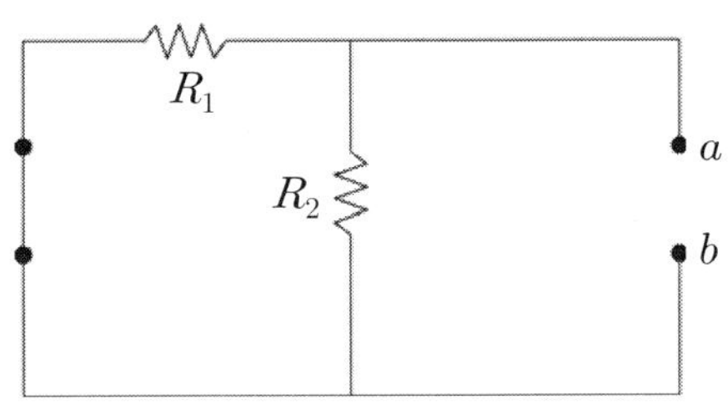

노턴 등가저항을 구하는 것은 테브닌 등가저항을 구하는 것과 동일한 절차를 거친다. 즉 저항과 전압원을 제거하는 것이다. 당연히 저항을 제거한 부분은 끊어진 채로 그대로 두고 전압원을 제거한 후에는 그 부분을 연결해야 한다. 그림 7-30에 이 회로가 나타나 있다. 단자 ab에서 바라본 저항값이 노턴 등가저항인데 이 회로에서는 a에서 전류를 흘려줄 때 저항 R_1이 있는 지로와 저항 R_2가 있는 지로로 나누어서 흘러가므로 두 저항이 서로 병렬 관계임을 알 수 있다. 따라서 노턴 등가저항 R_N은 R_1과 R_2의 병렬합성저항이다.

$$R_N = \frac{R_1R_2}{R_1+R_2} = \frac{2000\times 6000}{2000+6000} = \frac{3000}{2} = 1500\Omega = 1.5k\Omega$$

구해진 등가전류와 등가저항을 이용해서 노턴 등가회로를 그리면 그림 7-31과 같다.

[그림 7-31] 그림 7-27 회로의 노턴 등가회로

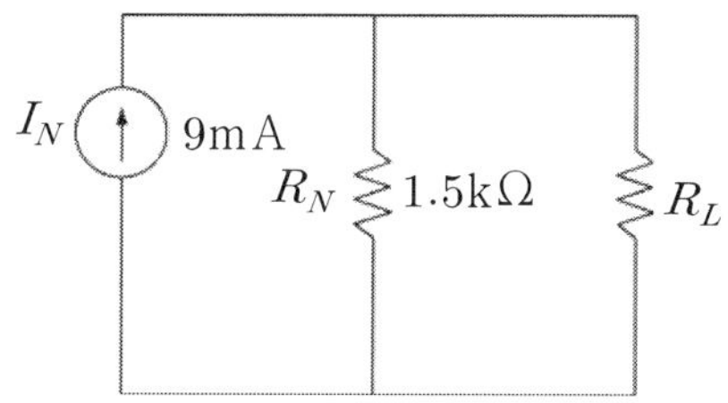

예제 7-8

그림 7-32에 나타나 있는 회로에서 $R_1 = 2k\Omega$, $R_2 = 6k\Omega$, $R_3 = 3k\Omega$, $V_A = 18V$일 때 이 회로를 노턴 등가회로로 바꾸라.

✔풀이 부하저항을 제거하고 그 부분을 선으로 잇는다. 그림 7-33과 같이 저항 R_3가 저항 R_2와 병렬로 연결되고 저항 R_3를 흐르는 전류가 노턴 등가전류 I_N이 된다. I_N을 구하기 위해서는 병렬로 연결된 R_2와 R_3 양단의 전압강하를 알아야 한다. 그러려면 R_2

와 R_3를 병렬 합성한 저항 R_{23}를(그림 7−34) 먼저 구하고 그 저항과 R_1 저항이 직렬이므로 R_{23}에 걸리는 전압을 계산한다.

[그림 7−32] 노턴화 할 회로

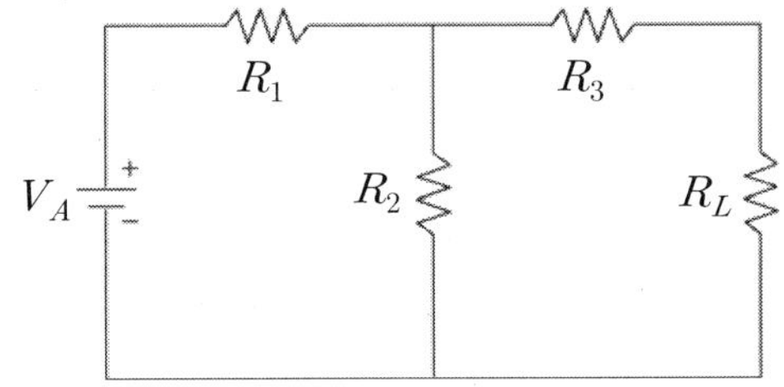

[그림 7−33] 부하저항을 제거하고 선으로 연결한 회로

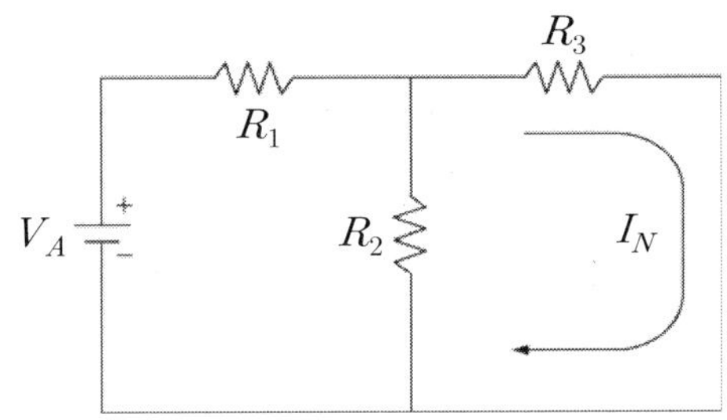

$$R_{23} = \frac{R_2 R_3}{R_2 + R_3} = \frac{6000 \times 3000}{6000 + 3000} = \frac{18000000}{9000} = 2000\Omega = 2k\Omega$$

이 저항 양단의 전압강하 V_2를 구하면

$$V_2 = \frac{R_{23}}{R_1 + R_{23}} V_A = \frac{2000}{2000 + 2000} \times 18\,V = 9\,V$$

[그림 7-34] 병렬저항을 합성한 회로

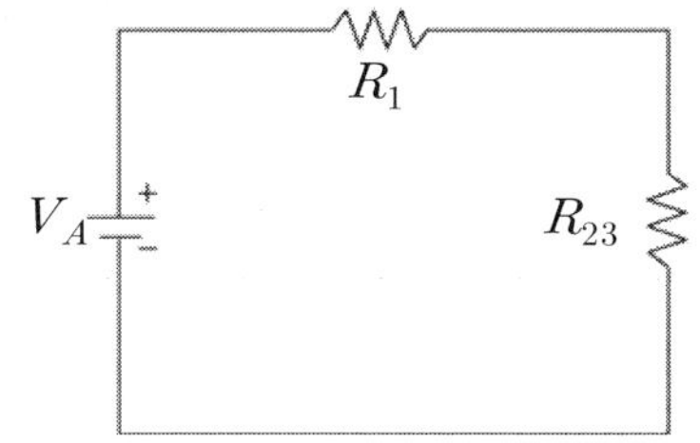

저항 R_2와 저항 R_3가 병렬이므로 $V_2=9$V가 저항 R_2와 R_3 양단에 같이 걸린다. 따라서 R_3에 흐르는 전류 I_N은

$$I_N = \frac{V_2}{R_3} = \frac{9}{3000} = 0.003A = 3mA$$

노턴 등가저항을 구하기 위해서는 저항을 제거하고 그 자리를 연결되지 않은 채 그대로 두고 전압원을 제거한 후 그 자리를 연결한다. 그림 7-35에서 ab 양단에서 본 저항을 구하면 바로 그것이 노턴 등가저항 R_N이다. 단자 a에서 전류를 흘려줄 경우 저항 R_3을 지나 저항 R_1과 저항 R_2가 있는 지로로 나누어져 흐르게 되므로 저항 R_1과 R_2는 서로 병렬관계이고 이것과 R_3는 직렬관계이다.

[그림 7-35] 저항과 전압원을 제거한 회로

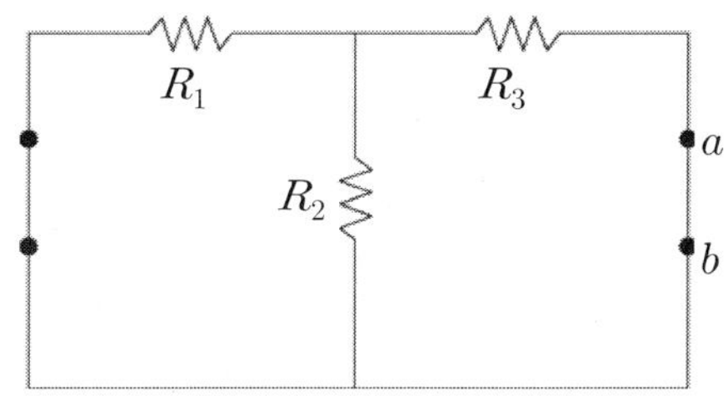

[그림 7-36] 그림 7-32 회로의 노턴 등가회로

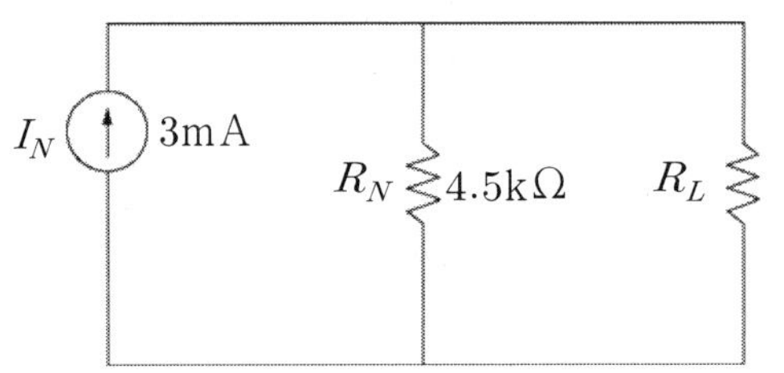

$$R_N = \frac{R_1 R_2}{R_1 + R_2} + R_3 = \frac{2000 \times 6000}{2000 + 6000} + 3000 = \frac{12000000}{8000} + 3000 = 4.5k\Omega$$

그림 7-32 회로를 노턴 등가회로로 나타내면 그림 7-36과 같다.

7-4 테브닌회로 노턴회로의 변환법

[그림 7-37] 테브닌과 노턴 등가회로의 변환

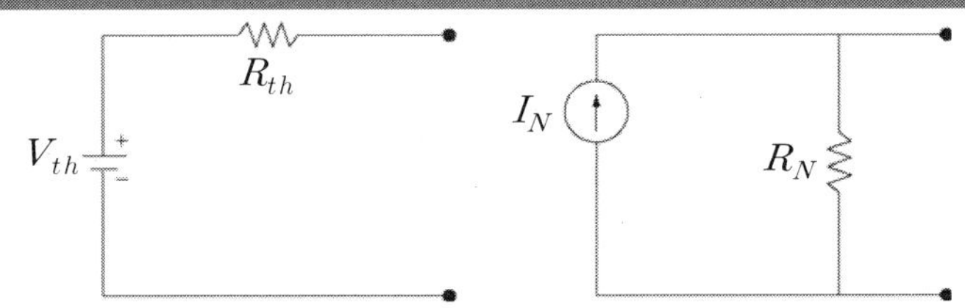

(a) 테브닌 등가회로 (b) 노턴 등가회로

테브닌 등가회로는 등가전압과 등가저항이 직렬로 연결되어 있지만 노턴 등가회로는 등가전류와 등가저항이 병렬로 연결되어 있다. 이 두 회로는 테브닌에서 노턴으로 노턴에서 테브닌으로 변환될 수 있다.

테브닌에서 노턴으로 바꿀 때는

$$R_N = R_{th} \tag{7-2}$$

$$I_N = \frac{V_{th}}{R_{th}} \tag{7-3}$$

노턴에서 테브닌으로 바꿀 때는

$$R_{th} = R_N \tag{7-4}$$

$$V_{th} = I_N R_N \tag{7-5}$$

예제 7-9 exemple

그림 7-38 회로를 테브닌 등가회로와 노턴 등가회로로 바꾸라.

✔풀이 부하저항을 제거하고 부하저항이 있던 곳에서의 전압강하를 구하면 R_2 양단의 전압강하를 구하는 것이 된다. 그러므로

$$V_{th} = V_{R2} = \frac{R_2}{R_1 + R_2} V_A = \frac{6}{3+6} \times 18 = 12\,V$$

[그림 7-38] 부하가 있는 회로

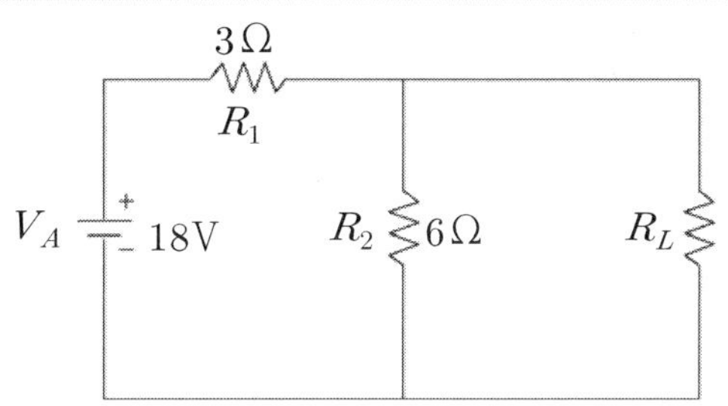

전압원도 제거하고 그 자리를 선으로 이은 후 부하저항이 있던 자리에서 본 합성저항을 구하면 R_1과 R_2가 서로 병렬 관계이므로

$$R_{th} = \frac{R_1 R_2}{R_1 + R_2} = \frac{3 \times 6}{3 + 6} = \frac{18}{9} = 2\Omega$$

테브닌 등가회로를 그리면 그림 7－39와 같이 된다.

[그림 7－39] 테브닌 등가회로

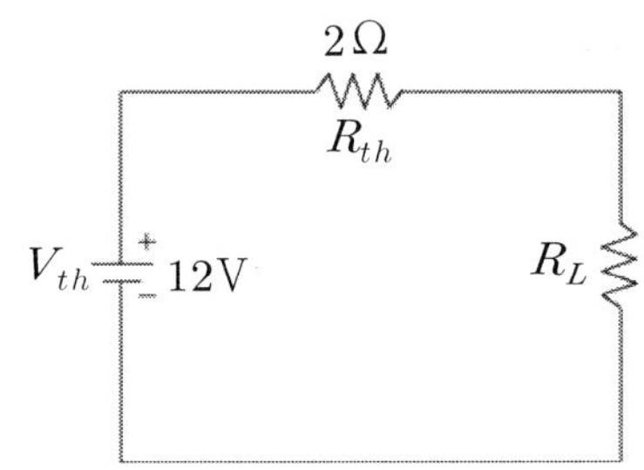

테브닌 등가회로를 변환하여 노턴 등가회로도 구할 수 있다.(그림 7－40)

$$R_N = R_{th} = 2\Omega$$

[그림 7－40] 노턴 등가회로

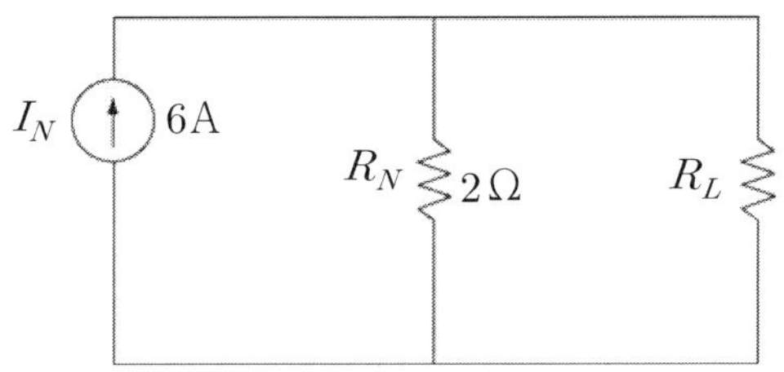

$$I_N = \frac{V_{th}}{R_{th}} = \frac{12}{2} = 6A$$

테브닌 등가회로와 노턴 등가회로 사이의 변환식은 실제적인 전압원을 전류원으로 실제적인 전류원을 전압원으로 바꾸는 데도 그대로 사용될 수 있다.

[그림 7-41] 두개의 전압원이 있는 회로

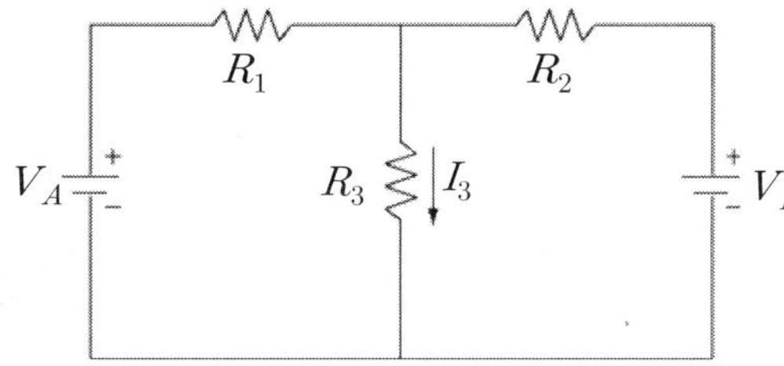

그림 7−41은 중첩의 원리를 이용해서 해석했던 회로이다. 이 회로에 대해 전압원을 전류원으로 바꾸는 방식을 사용해 저항 R_3에 흐르는 전류를 구할 수 있다.

예제 7-10

그림 7-41에서 $R_1 = 10\Omega$, $R_2 = 15\Omega$, $R_3 = 5\Omega$, $V_A = 35\,V$, $V_B = 30\,V$일 때 R_3에 흐르는 전류를 구하라.

✔풀이 전압원을 전류원으로 바꾸어 보자. 즉 R_3 왼쪽의 V_A와 R_1을 실제적인 전압원으로, R_3 오른쪽의 R_2와 V_B도 하나의 실제적인 전압원으로 볼 수 있다. 이 전압원을 전류원으로 바꿨을 때 전류원의 내부 저항 R_A와 R_B는 각각 R_1과 R_2로 대치되고

$$R_A = R_1$$

$$R_B = R_2$$

전류원 I_A및 I_B는

$$I_A = \frac{V_A}{R_A} = \frac{35}{10} = 3.5A$$

$$I_B = \frac{V_B}{R_B} = \frac{30}{15} = 2A$$

이다.
회로도를 그리면 그림 7－42와 같다.

[그림 7－42] 전류원으로 바뀐 회로

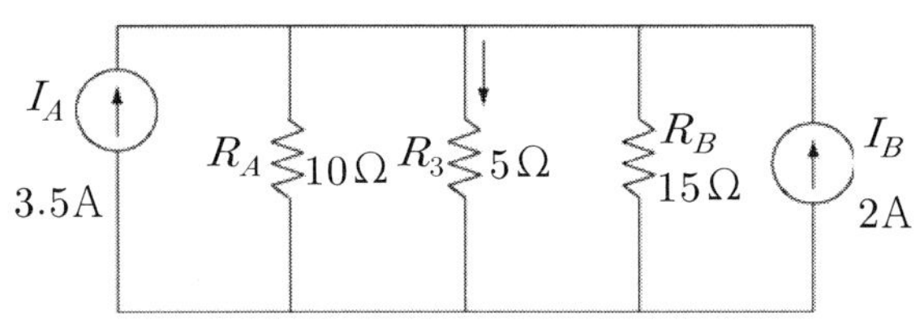

이 회로에서 R_A와 R_B가 서로 병렬 관계이므로 두 저항을 합성하고 R_3는 그대로 두며 전류원 두개는 R_A R_B R_3 저항을 향해서 들어가고 있으므로 우리가 전류값을 구해야 할 R_3 입장에서 같은 방향으로 흐르고 있음을 알 수 있다.
두 병렬저항 R_A, R_B를 합성하고 두 전류원을 더하면 그림 7－43과 같은 회로를 얻을 수 있다. 여기서

$$R_{AB} = \frac{R_A R_B}{R_A + R_B} = \frac{10 \times 15}{10 + 15} = \frac{150}{25} = 6\Omega$$

$$I_T = I_A + I_B = 3.5 + 2 = 5.5A$$

[그림 7-43] 간략화한 회로

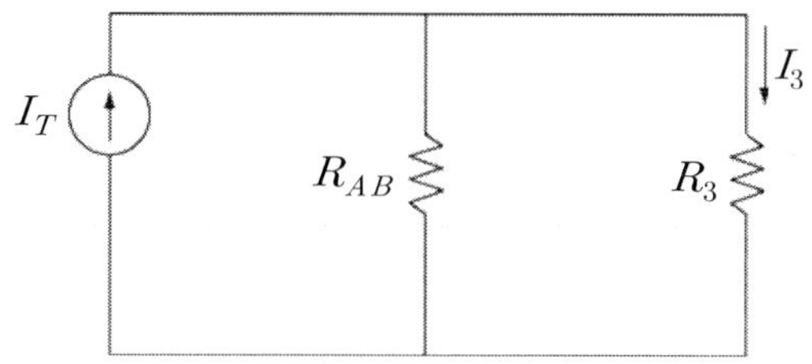

저항 R_3에 흐르는 전류 I_3는

$$I_3 = \frac{R_{AB}}{R_{AB}+R_3}I_T = \frac{6}{6+5}\times 5.5 = 3A$$

예제 7-11

exemple

그림 7-44의 회로에서 부하저항 R_L에 흐르는 전류 I_L을 구하라.

[그림 7-44] 두개의 전류원으로 구성된 회로

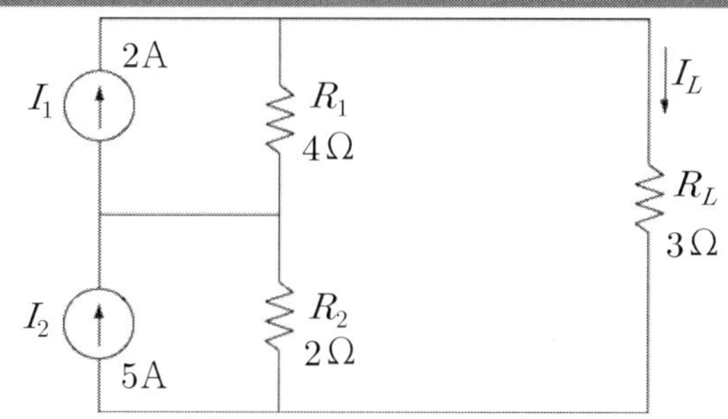

✔풀이 부하저항 R_L에 흐르는 전류 I_L을 구하는 이 문제는 상당히 복잡해 보인다. 그러나 이 회로에서 두개의 전류원을 전압원으로 바꾸면 상당히 간단한 회로가 된다. 전류원의 내부저항은 전압

원으로 바꿀 때도 값은 그대로 유지되고 전류원과 병렬이던 것이 전압원과 직렬로 연결된다. 전압원으로 바꿀 경우의 전압 V_1, V_2는

$$V_1 = I_1 R_1 = 2\times 4 = 8\,V$$

$$V_2 = I_2 R_2 = 5\times 2 = 10\,V$$

전류원을 전압원으로 바꾼 회로를 보면 그림 7-45와 같다. 이 회로는 직렬회로로서 내부저항 R_1과 R_2는 서로 직렬이므로

[그림 7-45] 전압원으로 바꾼 회로

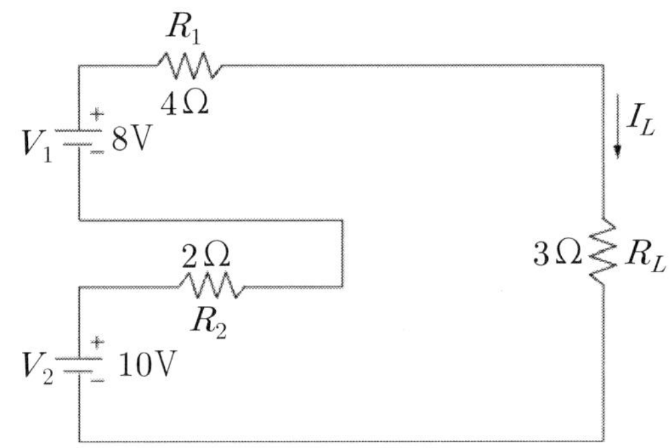

$$R = R_1 + R_2 = 4 + 2 = 6\Omega$$

전압원 V_1, V_2는

$$V_A = V_1 + V_2 = 8 + 10 = 18\,V$$

이를 회로로 그리면 그림 7-46과 같다.
여기서 전류 I_L을 구하면

[그림 7-46] 등가회로

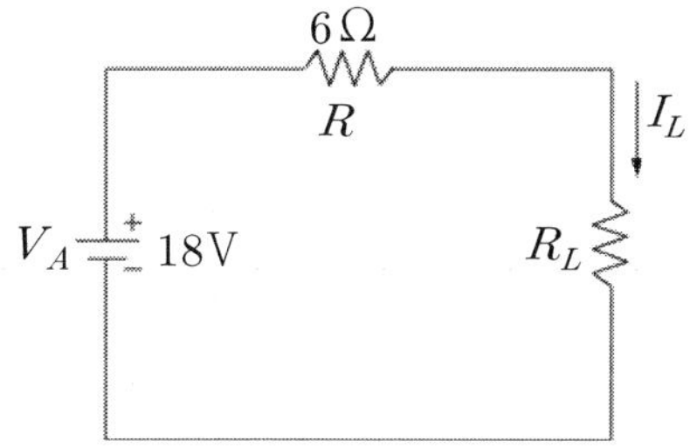

$$I_L = \frac{V_A}{R + R_L} = \frac{18}{6+3} = 2A$$

7-5 밀만의 정리

그림 7－47과 같이 여러 개의 병렬지로가 나란히 연결된 회로가 있다고 가정하자. 각 지로에는 반드시 저항이 존재한다.(저항이 없는 지로는 저항이 0이 되므로 그 쪽으로만 모든 전류가 흐르고 다른 쪽으로는 흐르지 않으므로 의미가 없다. 결국 그 지로에는 과도한 전류가 흘러서 선이 끊어지거나 불이 나게 된다.)

[그림 7-47] 병렬지로로 연결된 회로

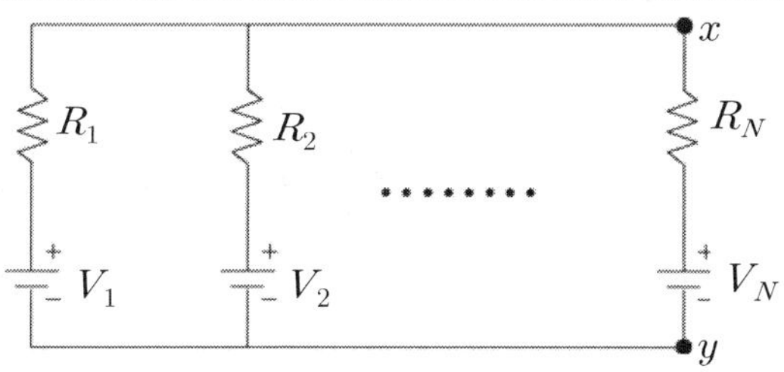

각 지로에 전압원은 있을 수도 있고 없을 수도 있다. 없는 경우는 0V인 전압원이 존재한다고 할 수 있다. 이런 경우 병렬지로에 걸리는 전압을 구하는 방법을 밀만이 잘 정리해 놓았다. 이것이 **밀만의 정리**이다. 물론 모든 지로가 병렬로 나란히 연결되어 있으므로 밀만의 정리에 의해 구한 전압은 어떤 지로에서든 똑 같다.

N개 지로의 저항이 R_1, R_2, R_3, $...R_N$이고 해당 지로의 전압원이 V_1, V_2, $V_3 ... V_N$ 일 때 각 지로의 전압을 구하는 밀만의 정리는 다음 식과 같다.

$$V_{xy} = \frac{\frac{V_1}{R_1} + \frac{V_2}{R_2} + \frac{V_3}{R_3} ..... + \frac{V_N}{R_N}}{\frac{1}{R_1} + \frac{1}{R_2} + \frac{1}{R_3} ..... + \frac{1}{R_N}} \tag{7-6}$$

이 식의 분자는 전류에 관한 식이다. N개의 지로에서 기여하는 전류의 세기는

$$I_T = \frac{V_1}{R_1} + \frac{V_2}{R_2} + \frac{V_3}{R_3} ..... + \frac{V_N}{R_N}$$

그림 7-47에서 전압원을 제거하고 xy점에서 병렬 합성저항은

$$\frac{1}{R_T} = \frac{1}{R_1} + \frac{1}{R_2} + \frac{1}{R_3} ..... + \frac{1}{R_N}$$

오옴의 법칙에 의해

$$V_{xy} = I_T R_T = \frac{I_T}{\frac{1}{R_T}} = \frac{\frac{V_1}{R_1} + \frac{V_2}{R_2} + \frac{V_3}{R_3} ..... + \frac{V_N}{R_N}}{\frac{1}{R_1} + \frac{1}{R_2} + \frac{1}{R_3} ..... + \frac{1}{R_N}}$$

가 되어 오옴의 법칙을 벗어나지 않는다.

예제 7-12

그림 7-48에서 $R_1 = 10\Omega$, $R_2 = 15\Omega$, $R_3 = 5\Omega$, $V_A = 35\,V$, $V_B = 30\,V$ 일 때 R_3에 흐르는 전류를 구하라.

[그림 7-48] 전류 구하기

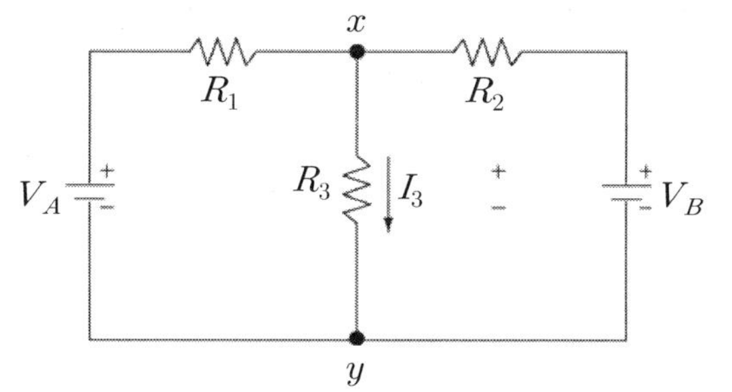

풀이 이 회로는 앞에서도 나왔던 회로이다. 테브닌 등가회로로 변환하여 구할 수도 있고 전원이 두개이므로 중첩의 원리를 이용해서 구할 수도 있고 전압원을 전류원으로 바꾸어서도 간단히 구할 수 있다.

그러나 밀만의 정리를 이용하면 더 간단히 구할 수 있다. 이 회로는 3개의 지로로 구성된 회로이다. xy를 기준으로 왼쪽에 저항이 R_1이고 전압원이 V_A인 지로, 오른쪽에 저항이 R_2이고 전압원이 V_B인 지로, 가운데 저항이 R_3이고 전압원이 없는 즉 전압이 0V 인 지로가 있다. 여기에 밀만의 정리를 적용하면

$$V_{xy} = \frac{\frac{V_A}{R_1} + \frac{V_B}{R_2} + \frac{0}{R_3}}{\frac{1}{R_1} + \frac{1}{R_2} + \frac{1}{R_3}} = \frac{\frac{35}{10} + \frac{30}{15} + \frac{0}{5}}{\frac{1}{10} + \frac{1}{15} + \frac{1}{5}} = \frac{\frac{165}{30}}{\frac{11}{30}}$$

$$= \frac{165}{11} = 15\,V$$

$$I_3 = \frac{V_{xy}}{R_3} = \frac{15}{5} = 3A$$

예제 7-13 exemple

그림 7-49 회로에서 $R_1 = 4\Omega$, $R_2 = 2\Omega$, $R_3 = 4\Omega$이고 전압 $V_1 = 28\,V$, $V_3 = 12\,V$ 일 때 전압 V_{xy}를 구하라.

[그림 7-49] 밀만의 정리

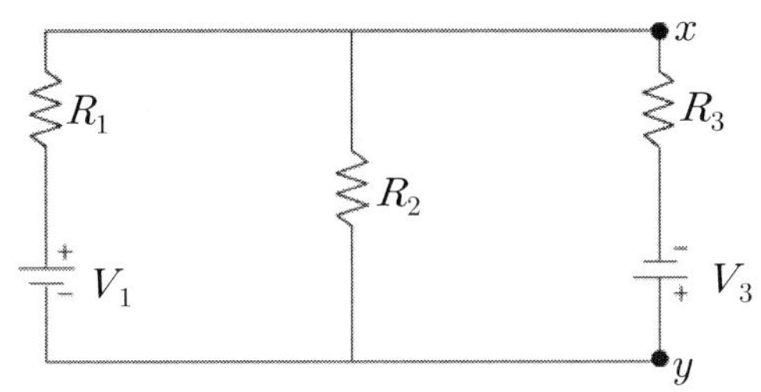

✔풀이 밀만의 정리에 의해

$$V_{xy} = \frac{\frac{V_1}{R_1} + \frac{V_2}{R_2} + \frac{V_3}{R_3}}{\frac{1}{R_1} + \frac{1}{R_2} + \frac{1}{R_3}} = \frac{\frac{28}{4} + \frac{0}{2} + \frac{(-12)}{4}}{\frac{1}{4} + \frac{1}{2} + \frac{1}{4}}$$

$$= \frac{7+0-3}{1} = 4\,V$$

CHAPTER 8

교류회로

CHAPTER 8

앞 단원에서는 전원으로 직류를 사용하였다. 직류란 전류가 어느 한 쪽으로 일정한 크기로 흐르는 것을 의미한다. 즉 자유전자가 정해진 방향으로 일정한 크기로 흐르는 것이다. 직류는 교류를 정류하여 사용하거나 원래부터 직류의 특성을 갖고 있는 배터리 등을 사용한다.

[그림 8-1] 교류파형

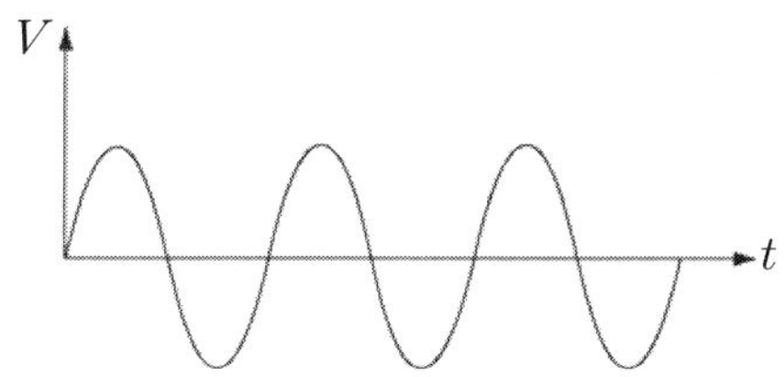

교류는 직류와 달리 수시로 방향이 바뀔뿐더러 크기마저도 수시로 변하는 전류를 의미한다. 직류를 영어로는 Direct Current 라고 하고 줄여서 DC라고 한다. 교류는 영어로 Alternate Current 인데 줄여서 AC라고 한다. 교류 자체가 크기와 방향이 수시로 변하는 전류이지만 사람들이 대개 **교류전류**, **교류전압**이라고 얘기한다. 교류전류라 함은 크기와 방향이 수시로 변하는 전류를 일컫는 말이고 교류전압은 크기와 극성이 수시로 변하는 전압을 의미한다. **그림 8-1**에 교류전압이 나타나 있다.

우리가 집에서 사용하는 전압은 교류전압으로 **그림 8-1**처럼 정현파

(사인파나 코사인파)형태를 하고 있다. 정현파 모양을 한 이유는 발전기가 회전하면서 전기를 만들기 때문이다. 발전기가 회전하면서 발전기 내부에 선을 감아 놓은 권선과 발전기 내부에 있는 자석 사이에 이루는 각도에 따라 전류가 증가하거나 감소하며 방향을 바꾸기도 하는데 그 모양이 **그림** 8-1과 같은 정현파 모양이다. 여러분들이 회전체에 달린 손잡이를 돌리면서 손잡이의 위치를 시간의 변화에 따라 그리면 바로 이 모양이 될 것이다.

8-1 사이클, 주파수, 주기

▣ 사이클

회전체가 회전하면서 한바퀴돌면 1 사이클(Cycle) 이라고 한다. **그림** 8-1에는 3 사이클이 그려져 있다. **그림** 8-1은 x축이 시간축이어서 시간의 변화에 따른 전압의 변화를 기록하고 있지만 x축이 각도가 될 수도 있다. 이럴 경우 회전각에 따른 전압변화를 기록하게 되는데 한바퀴, 즉 한 사이클을 마치면 한번 원 운동을 한 것이므로 각도로는 360도 이고 라디안(Radian)으로는 2π라디안이다. 반지름 1인 원의 원주율이 2π로서 한바퀴 회전했을 때의 라디안 값을 나타내기도 한다. 반바퀴 회전하면 π라디안이고 π는 약 3.14 이다. 계산기를 사용할 경우 직접 π키를 치면 π값이 들어가게 된다.

▣ 주파수

회전체가 1초에 몇 회전 했는지를 나타내는 용어가 주파수이다. 알다시피 회전체 손잡이를 잡고 회전을 할 때 손잡이의 위치를 기록한 것이 정현파이므로 정현파를 보면 회전체를 떠 올릴 수 있다. 따라서 회전체의 초당 회전수를 나타낼 때에 주파수라는 용어를 쓰지만 정현파가 같은 모양의 파형을 초당 몇 번 반복 하는가가 주파수에 해당된다. 주파수를 영어 frequency의 첫 글자를 따서 f로 나타내고 주파수의 단위는 헤르쯔를 쓰고 Hz라고 표기한다. 그림 8-1에는 같은 모양의 파형이 3번 반복되고 있는데 만약 여기에 걸린 시간이 1초라면 $3Hz$, 0.5초라면 $6Hz$, 1/1000 초가 걸렸다면 $3000Hz$가 된다.

$$f = \frac{cycles}{1\,second} Hz \tag{8-1}$$

$1000Hz$는 $1kHz$(킬로헤르쯔)가 되고 $1000000Hz$는 $1MHz$(메가헤르쯔), $1000000000Hz$는 $1GHz$(기가헤르쯔)이다.

우리 가정에 들어오는 전기는 주파수가 $60Hz$이다. 같은 모양의 정현파형이 초당 60번 반복되는 것이다. $60Hz$는 전자 제품에 상당히 큰 의미를 가지고 있다. 예를 들어 텔레비전은 화면은 $60Hz$를 기준으로 초당 60개의 화면을 화면에 뿌리고 있으며 영화의 경우도 초당 60장면을 스크린에 비춰주고 있다. 우리 눈은 초당 60번 변하는 화면에 대해서는 눈에 보인 영상이 사라지지 않고 망막 상에 잠시 남는 잔상효과를 보이기 때문에 텔레비전이나 영화 스크린의 화면을 연속된 화면으로 자연스레 인식하게 된다. 이발소나 미장원에 가면 사용하는 머리 깎는 기계도 이 주파수를 이용해서 초당 60번 날카로운 날이 엇갈리면서 머리카락을 잘라낸다. 여러분들이 해외에 나가서 $50Hz$ 주파수를 사용하는 지역에서 전자제품을 사 온다면 국내에서 성능을 보장받기 어려울 것이다.

▣ 주기

한 사이클에 걸리는 시간을 주기라고 한다. 즉 회전체가 한바퀴 회전하는데 걸리는 시간이다. 따라서 주기와 주파수는 역수관계이다. 주기는 시간이므로 시간을 나타내는 영어 Time의 첫글자를 따서 T 로 나타내고 단위는 s(second) 이다. ms는 미리세크(milli sec.), μs는 마이크로세크(micro sec.), ns는 나노세크(nano sec.) 등으로 부른다.

주기와 주파수의 관계를 식으로 나타내면

$$f = \frac{1}{T}, \ T = \frac{1}{f} \tag{8-2}$$

예제 8-1 exemple

교류 전압의 주파수가 60Hz이면 주기는 얼마인가?

✓풀이 $T = \frac{1}{f} = \frac{1}{60} = 0.0167s = 16.7ms$

예제 8-2 exemple

어떤 교류 전류가 2초에 3000 사이클을 보이고 있다. 주기와 주파수를 구하라.

✓풀이 $f = \frac{3000}{2} = 1500Hz$

$T = \frac{1}{f} = \frac{1}{1500} = 0.0006667 = 666.7\mu s$

▣ 파 장

[그림 8-2] 거리 기준으로 본 교류파형

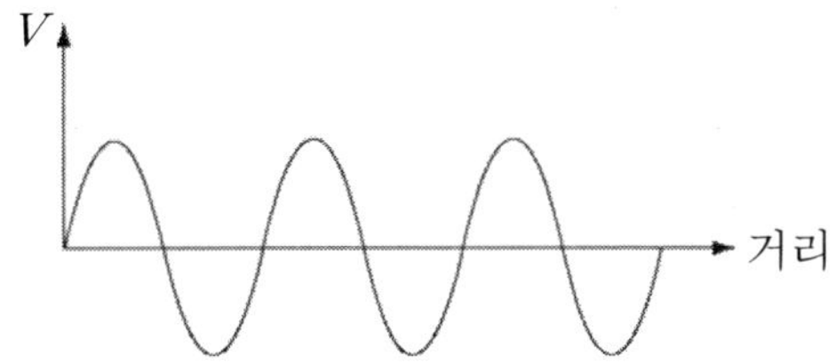

교류파형은 장소를 고정시켜 놓고 어느 한 지점에서 측정하면 시간에 따라 값이 변하지만 시간을 고정시켜놓고 전자가 이동한 장소를 추적하면 그 모양도 정현파가 된다. 그림 8-1의 x축을 거리에 대해 표시하면 그림 8-2와 같다.

이 그림에서 하나의 사이클이 진행한 거리를 파장이라고 하고 λ로 표현한다. 조용한 호수에 돌을 던졌을 때 파문이 일어날 것이다. 그 파문을 자세히 보면 그림 8-2와 유사한 모습을 보이는데 그 때 한 파고와 가장 가까운 다른 파고와의 거리가 바로 파장이다. 교류의 파장은 빛의 속도(velocity)와 연관이 있다.

$$\lambda = \frac{velocity}{frequency} = \frac{300,000km}{f}$$

예제 8-3 exemple

휴대폰에 쓰이는 전파의 주파수는 1.8 GHz이다. 이 전파의 파장은?

풀이 $\lambda = \frac{300,000km}{1,800,000,000Hz} = \frac{30,000,000,000cm}{1,800,000,000Hz} = \frac{300}{18} = 16.7cm$

예제 8-4

가정에 들어오는 전기의 파장은?

풀이 $\lambda = \dfrac{300,000km}{60Hz} = 5,000km$

8-2 교류전압 및 전류값의 표시

교류는 정현파이다. 교류 전압을 수학적으로 표현하면

$$v(t) = V_m \sin 2\pi f t \qquad (8-3)$$

가 되는데 이 때 V_m은 최대전압을 나타낸다. 이 식은 시간에 따라 변하는 전압 $v(t)$를 나타낸다. 교류 전압은 같은 값이 아니라 항상 변하는 값이다. 언제 관찰하느냐에 따라 값이 변한다. 따라서 어떤 값이 $v(t)$값인지 알 수가 없다.

항상 변하는 값 중에 어떤 값을 대표값으로 하느냐는 서로간의 약속이 된다. 이 약속에 따라 다음 열거하는 몇가지 중 하나를 대표값으로 나타낸다.

▣ 최대값

최대값(Peak 값)은 변하지 않는 값이다. 식 8-3에서 V_m이 최대값으로서 사인파를 대표하는 값으로 쓰일 수 있다. 그림 8-1에서 제일 큰 값이 최대값에 해당된다. 경우에 따라서는 최대값보다는 피크투피크(peak to peak)값을 쓰기도 한다. 보통 V_{p-p}로 표시하는데 그림 8

−1에 나타난 정현파의 경우는 $V_{p-p}=2V_m$ 즉 최대값의 두배가 피크투피크값이지만 **그림** 8−1처럼 아래 위가 대칭 형태가 아니고 비대칭인 경우는 이런 법칙이 성립하지 않아서 최대값만으로 표현하는 데 문제가 생기므로 피크투피크값을 사용한다.

CHAPTER 8

▣ 평균값

그림 8−1에서 정현파의 양의 반주기를 다 더해서 반주기로 나누면 평균값이다. 한 반의 시험 성적 낼 때와 같은 방식이다. 컴퓨터정보계열 학생들의 비주얼베이직 과목의 평균값은 모든 학생의 시험 성적을 다 더해서 학생수로 나눈 것이다. 여기서 평균값을 내는 구간을 한주기로 하지 않고 반주기로 한 이유는 한주기로 했을 경우에 양의 수와 음의 수를 더해서 0이 되기 때문이다.

이것을 식으로 표현해보면

$$V_{mean}=\frac{2}{T}\int_0^{\frac{T}{2}} V_m \sin 2\pi ft\, dt \qquad (8-4)$$

이 식을 풀어 전압의 평균값을 구하면

$$V_{mean}=0.637\,V_m \qquad (8-5)$$

▣ 실효값

실효값은 rms 값(알엠에스 값 이라고 읽음)이라고도 한다. rms는 root−mean−square의 약자로서 전압을 제곱(square)해서 한주기 범위 에서 평균값(mean)을 취한 후 근(root)을 구하는 것이다. 전류의 경우도 마찬가지이다. 이렇게 해서 구한 실효전압은 V_{rms}, 실효전류는

I_{rms}로 나타낸다.

$$V_{rms} = \frac{V_m}{\sqrt{2}} = 0.707\,V_m \qquad (8-6)$$

$$I_{rms} = \frac{I}{\sqrt{2}} = 0.707 I_m \qquad (8-7)$$

이 식을 최대값에 대해서 표현하면

$$V_m = \sqrt{2}\,V_{rms} = 1.414\,V_{rms}$$

$$I_m = \sqrt{2}\,I_{rms} = 1.414 I_{rms} \qquad (8-9)$$

우리 가정에 들어오는 전기는 220 V이다. 교류 전압이나 전류값을 표현할 때 아무 언급이 없으면 실효값이다. 따라서 우리 가정에는 실효값 220 V 전압이 들어온다. 실효값 220 V의 의미는 무엇일까?

실효값 220 V는 직류 전압 220 V를 이용해서 열을 내었을 경우와 똑같은 열을 얻을 수 있음을 의미한다. 실효값 220 V를 이용해서 빛을 얻었을 경우도 직류 220 V를 이용해서 얻은 빛과 같은 밝기를 얻을 수 있다는 것이다.

CHAPTER 9 인덕턴스

인덕턴스(Inductance)는 전류가 변할 때 유도전압을 발생시키기 위한 도체의 능력을 표시하는 것이다.

9-1 인덕터

도체는 자유전자를 가지고 있고 이 자유전자가 일정한 방향으로 흐를 때 이를 전류라고 한다. 결국 전류는 전자의 흐름인 것이다. 이 전자는 같은 극성끼리는 밀어내는 힘이, 다른 극성끼리는 당기는 힘이 존재한다.

전자(電子)는 같은 극성끼리 밀어내고 다른 극성끼리 당기는 전기적 특성 외에 다른 특성도 갖고 있다. 여러분이 어렸을 때 못과 에나멜선, 배터리를 이용해 전자석을 만들어 본 경험을 갖고 있을 것이다. 도체에 전류가 흐르면 자기장(또는 자장이라고도 함)이 만들어진다. 이 자기장이 바로 자석의 근원이다. 이 자기장내의 쇳가루는 쇳가루가 움직일 수 있는 힘을 받을 때 자석에 달라붙게 된다. 전자석에서 배터리의 전원을 끊으면 쇳가루가 떨어지게 된다. 이것이 바로 도체에 전류가 흐르면 자장이 형성된다는 것을 보여주는 증거이다. 그런데 전자석에 쇳가루를

붙게 할 정도의 충분한 자장을 갖게 하려면 못에 에나멜선을 충분히 감아줘야 한다. 감는다는 것은 자장이 일정한 영역내에 집중된다는 것을 의미한다. 그리고 못은 자장이 형성되어 집중되는데 큰 도움을 준다. 다시 강조하면 도체에 전류가 흐르면 자장이 발생된다.

[그림 9-1] 전자식

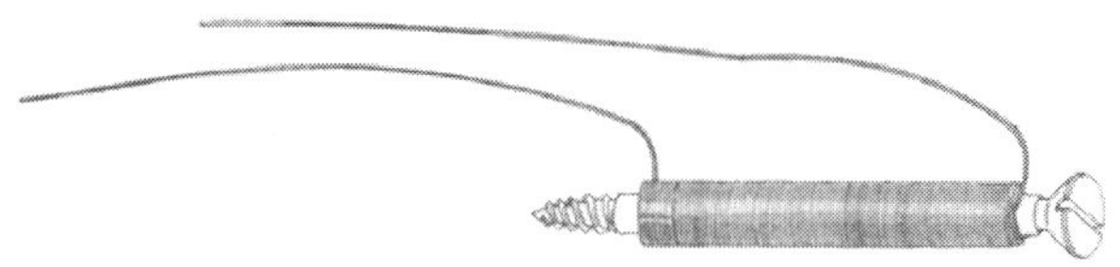

우리가 만들어 본 전자석은 배터리를 연결하여 전류를 흘렸기 때문에 일정한 전류가 흐르므로 자장의 세기도 일정하다. 그러나 직류가 아닌 교류를 흘려 줄 경우에는 교류의 세기가 계속 변하므로 자장의 세기도 계속 변하게 된다. 도체에 전류를 흘렸을 때 도체가 자장을 형성한다는 것은 전자가 자기(磁氣)적인 특성을 갖고 있다는 것을 의미한다. 요즈음 많이 시중에서 자주 회자되고 있는 전자파(電磁波)의 전자(電磁)는 전자(電子)가 아니고 전기파, 자기파를 같이 일컫는 말로써 전자(電子)의 움직임이 전자기(電磁氣)적인 성질을 갖고 있음을 의미하고 있다.

전자가 자기적인 성질을 갖고 있으므로 외부에서 자기장을 가해서 전자의 움직임을 조정할 수 있다. 여러분이 강한 자석을 구해서 텔레비전 옆에 가까이 가져가면 텔레비전 화면이 찌그러지는 것을 관찰할 수 있다. 전자가 텔레비전 화면을 때리고 그 때 나오는 빛을 여러분이 보고 있는데 이 전자에 자장을 가하면 전자의 방향이 틀어져서 화면의 모양이 바뀌는 것이다.

도체에 전류가 흐르면 자장이 발생한다. 이제는 발생된 자장이 다른 전자의 흐름을 방해한다. 전자와 자기장은 서로 밀접하게 관련되어 있어서 서로 간에 영향을 끼치게 되는데 이런 현상을 이용한 부품이 바로 **인덕터**(Inductor)이다. 인덕터를 회로도로 그릴 때는 그림 9-2와 같이 그린다. 줄이 없는 것은 코어(Core, 전자석 만들 때 썼던 못과 같은 것을 코어라고 한다. 대개는 못보다 더 좋은 특성을 갖는 페라이트 등을 쓴다.)가 없는 것이고 줄이 있는 것은 코어가 있는 것이다.

[그림 9-2] 인덕터

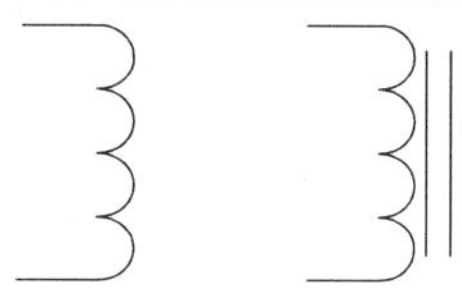

9-2 인덕턴스

못에 에나멜선을 감아 전자석을 만들었듯이 도체를 감아서(감는다는 것은 자장을 밀집시키기 위해 필요하다.) 전류를 흘려주면 자장이 발생하고 이 자장이 전류가 흐르는 것을 방해하게 된다.

▣ 유도전류

이런 현상을 다시 설명해 보자. 속이 빈 종이를 원통형으로 감고 그 위에 에나멜선을 감아보자. 이렇게 감은 선을 다른 말로 코일(Coil)이라고 한다. 코일의 양끝에 전류계를 연결하고 코일 안의 빈 자리에 막대자석을 집어넣거나 빼거나 하면 전류계의 바늘이 움직이는 것을 관찰할 수 있다. 이것은 자석의 움직임에 전자가 반응을 하여 움직였다는 것을 의미한다. 즉 전자도 자석이므로 막대자석의 움직임에 반응하여 상당한 양의 자유전자가 일정한 방향으로 움직였음을 전류계가 보여주고 있는 것이다. 이 때 흐르는 전류는 자석이 유도하는 방향대로 움직였으므로 유도전류라고 부른다. 유도전류의 방향은 렌쯔(Lenz)의 법칙에 의해 설명할 수 있다.

막대자석의 N 극이 코일을 향하도록 하고 막대자석을 코일 쪽으로 가까이 가져가면 코일내의 자유전자가 자기장에 의해 이동하여 자장이 형성되는데 이 자장은 막대자석이 못 들어오도록 방해하는 방향으로 생긴다. 막대자석이 다가오는 코일의 입구 쪽이 N 극이 되는 것이다. 이 때 흐르는 전류의 방향은 암페어의 오른손 법칙에 의해 엄지손가락을 N 극 방향으로 하고 코일을 거머쥐었을 때 나머지 네 손가락이 감싸 안은 방향이 전류의 방향이다. 막대자석이 멀어질 때는 멀어지지 못하도록 하기 위해 코일의 입구 쪽이 S 극이 된다. 물론 전류는 앞의 경우와 반대 방향으로 흐른다. 전류가 흐른다는 것은 자유전자의 이동이 있음을 의미하므로 막대자석을 한번 갖다댄 후 가만히 들고 있으면 자유전자가 한번 이동하고 멈추어 버리므로 계속해서 전류가 흐르지 않는다. 자석이 계속 이동하도록 하여야 이에 따라 자유전자가 이동하게 되고 결국 계속해서 전류가 흐르게 된다.

▣ 자기 인턱턴스

코일에 전류를 흘려줄 때도 코일에 막대자석을 갖다 대는 것과 같은 효과를 얻을 수 있다. 코일에 전류를 흘려주면 자장이 발생하는데 이 자장은 막대자석을 코일에 들이밀 때 그 막대자석의 자장과 같은 역할을 한다. 이제 이 막대자석을 밀어내는 힘을 가진 자장이 생기게 되는데 코일에 전류를 흘려줄 때도 이와 동일한 현상이 발생한다. 코일에 전류를 흘려줌으로써 코일에 자장이 발생하고 이렇게 발생된 자장에 의해 코일에 유도전류가 생기는데 유도전류에 의한 자장은 이 자장을 만들게 된 자장의 변화를 방해하는 방향으로 생긴다. 즉 코일에 흐르는 전류에 의한 자장이 발생하고 동시에 유도전류에 의한 자장이 발생한다. 이 유도전류의 방향은 기존에 흐르는 전류의 흐름을 방해하는 방향으로 흐르게 되는 것이다.

코일에 유도전류가 계속해서 흐르려면 코일에 흐르는 전류는 교류이어야 한다. 즉 시간에 따라서 계속 변하는 전류가 흘러야만 유도전류도 계속 흐를 것이다. 유도전류에 의한 자장이 **유도전류**를 만들어내는 자장을 방해하도록 만들어지기 때문에(렌쯔의 법칙) 유도전류의 방향은 유도전류를 만드는 전류와 반대 방향으로 생길 수 밖에 없다.

유도전류가 흐를 때 인덕터 양단에 나타나는 전압을 **유도전압**이라고 한다. 유도전압의 세기는 전류의 변화율 즉 초당 전류가 얼마만큼 변하느냐와 관련이 있지만 코일의 물리적인 성질과도 상관이 있다. 전류의 변화율이 같더라도 코일의 물리적인 성질(코일의 굵기, 코일의 감은 횟수, 코아의 재질 등)에 따라 유도전압의 양이 달라진다. 이렇게 코일이 유도전압을 발생시킬 수 있는 도체의 능력을 인덕턴스라고 하고 L 로 표시하며 단위는 H(Henry, 헨리)이다. 인덕턴스는 인덕터에 흐르는 전류의 변화율에 따라 얼마만큼의 유도전압이 발생하느냐를 가리키는 지수이다. 특별히 코일에 흐르는 전류에 의해 해당 코일에 유도전압이 생길 때 이 도체의 능력을 **자기 인덕턴스**(Self Inductance)라고 한다.

$$L = \frac{V_L}{\frac{di}{dt}} \qquad (9-1)$$

CHAPTER 9

여기서 V_L은 인덕터 양단에 나타나는 유도전압이고 $\frac{di}{dt}$는 전류의 변화율이다.

예제 9-1 exemple

어떤 인덕터에서 전류가 1초동안에 10A에서 12A로 변한다면 전류의 변화율 $\frac{di}{dt}$는 얼마인가?

✔풀이 $\frac{di}{dt} = \frac{(12-10)A}{1s} = 2A/s$

예제 9-2 exemple

전류가 5μs 동안 10mA 변할 때 100 V의 유도전압이 발생했다. 이 인덕터의 인덕턴스는 얼마인가?

✔풀이 $L = \frac{V_L}{\frac{di}{dt}} = \frac{100\,V}{\frac{0.01A}{0.000005s}} = 0.05H = 50mH$

그림 9-3, 그림 9-4, 그림 9-5, 그림 9-6에 전원으로 교류가 인가되었을 때 유도전압의 극성이 나타나 있다. 교류전원은 그림 8-2에서 보듯이 한 주기 내에서 두 방향으로 흐른다. 그리고 한 방향에서 증가하기도 하고 감소하기도 한다. 즉 전류가 변화한다는 것이다. 한 방향을 +라하고 다른 방향을 -라고 표현할 때 +에서 증가 및 감소, -에서 증가 및 감소하는 4가지 상태가 존재한다.

그림 9-3은 + 방향으로 전류가 증가할 때이다. 이 때 생기는 유도전류의 방향은 전류의 증가를 막아야하는 쪽으로 흘러야만 되므로 인

덕터의 위쪽이 +가 되어 **그림** 9-3과 같다. 유도전압이 발생할 때 인덕터는 전압원처럼 보아야 한다.

그림 9-4는 같은 방향에서 전류가 감소할 때이다. 이 때 생기는 유도전류의 방향은 전류의 감소를 막아야 하므로 전류의 방향과 같은 방향으로 흘러야 한다. 그래서 인덕터의 아랫부분이 +이다.

그림 9-5는 전류가 반대 방향으로 흐르면서 증가하는 경우이다. 이럴 경우 유도 전류가 전류의 증가를 막아야 하므로 전류의 방향과 반대 방향으로 흘러야 한다. 따라서 인덕터 양단에 유도전류에 의해 발생된 유도전압의 방향은 아래쪽이 +이다.

그림 9-6은 전류가 반대 방향으로 흐르면서 감소하는 경우이다. 유도 전류가 전류의 감소를 막아야 하므로 유도전류는 전류와 같은 방향으로 흘러야 될 것이다. 따라서 인덕터 양단의 유도전압 방향은 위쪽이 +가 된다.

[그림 9-3] 전류가 증가할 때 유도전압의 극성

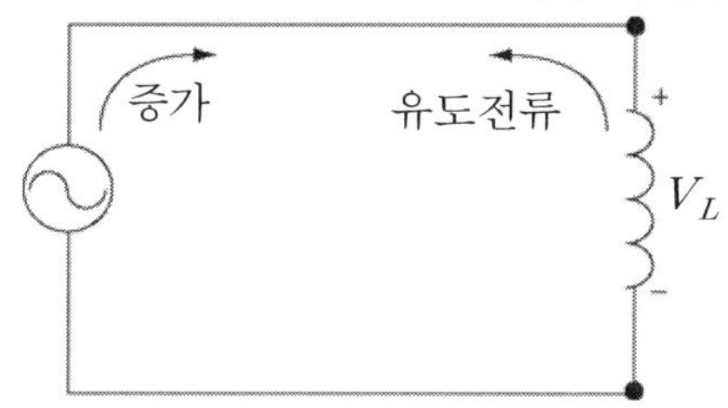

[그림 9-4] 전류가 감소할 때 유도전압의 극성

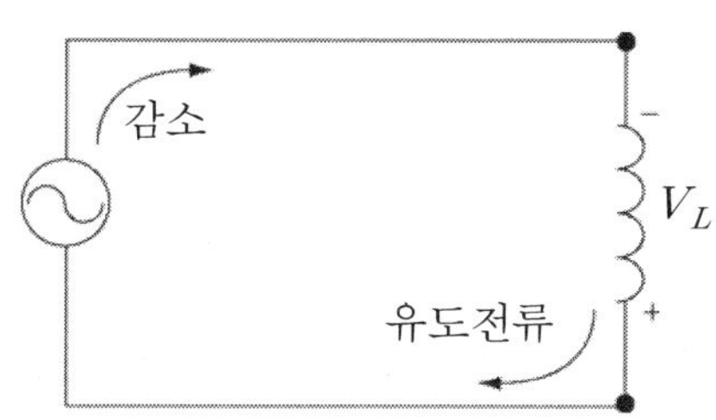

[그림 9-5] 전류가 다른 방향으로 증가할 때 유도전압의 극성

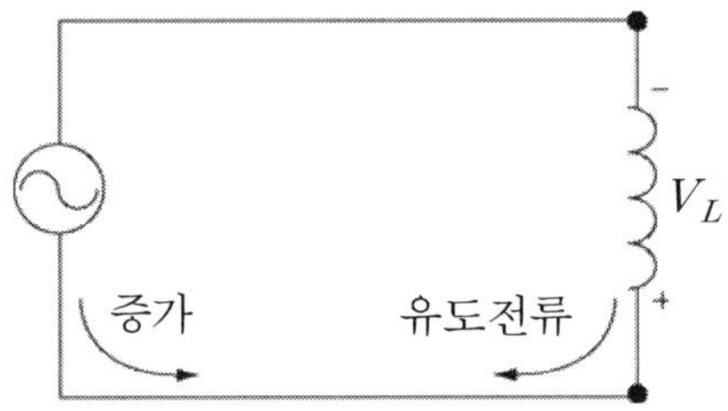

[그림 9-6] 전류가 다른 방향으로 감소할 때 유도전압의 극성

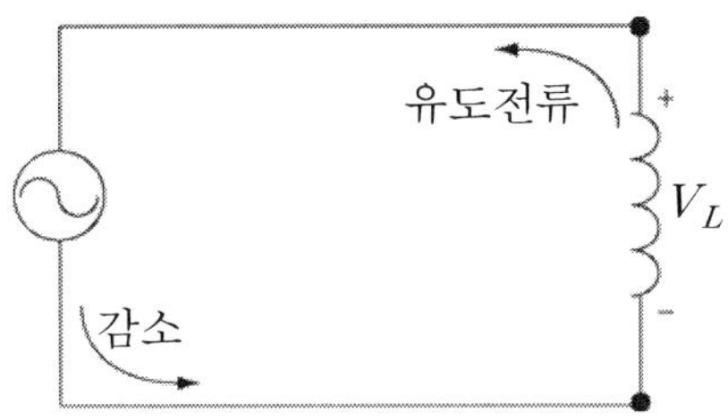

▣ 유도전압

유도전압의 크기는

$$V_L = L\frac{di}{dt} \qquad (9-2)$$

V_L은 인덕터 양단에 나타나는 유도전압의 크기이고 L은 자기 인덕턴스이며 $\frac{di}{dt}$는 전류 변화율이다.

예제 9-3 exemple

300mH의 인덕터에 200mA가 흐르다가 2μs 후에 300mA가 되었다. 이 때 인덕터 양단에 나타나는 유도전압을 구하라.

✔풀이 $V_L = L\frac{di}{dt} = 300\times10^{-3}\times\frac{(300-200)\times10^{-3}}{2\times10^{-6}} = 15000\,V$

▣ 상호 인덕턴스

상호 인덕턴스란 자기 인덕턴스와 달리 어떤 인덕터가 있을 때 이 인덕터가 아닌 곁에 있는 다른 인덕터 또는 코일에서 발생한 자기장의 영향에 의해 유도전압이 발생하는 능력을 의미한다. 이 경우에는 다른 인덕터가 이 인덕터에 얼마나 가까이 있으며 평행하게 있는지 십자가 모양으로 교차해 있는지 등의 물리적인 영향을 받게 된다.

▣ 변압기

두 개의 코일이 가까이 있을 때 두 코일이 물리적으로 연결되어 있지 않더라도 한 쪽 코일에 전류가 흘러서 자기장이 발생했을 때 그 자기장으로 말미암아 인접한 코일에 유도전압을 일으키게 된다. 이 경우 자기장을 발생시킨 코일은 앞에서 예를 든 막대자석에 해당될 것이다. 우리가 사용하는 변압기는 220V를 110V로 낮추거나 110V를 220V로 올리는데 주로 사용되며 최근 많이 쓰는 전자제품의 경우 어댑터 안에 조그마한 변압기가 들어 있는데 220V를 9V나 6V 12V 등으로 낮추는데 많이 사용한다. 이 때 전압을 높이거나 낮추기 위해서는 전압의 비율만큼 전선의 감은 횟수의 비율을 조정해 주면된다.

변압기에서 전원이 들어가는 쪽에 있는 코일에 걸리는 전압을 1차측 전압 V_P라고 하고 이 코일의 감은 횟수를 N_P라고 하며 유도전압이 나타나는 코일의 전압을 2차측 전압 V_S라 하고 이 코일이 감은 횟수를 N_S라 할 때 전압의 비와 감은 횟수의 비는 다음 식과 같다.

$$\frac{V_P}{V_S} = \frac{N_P}{N_S} \tag{9-3}$$

[그림 9-7] 변압기 표시

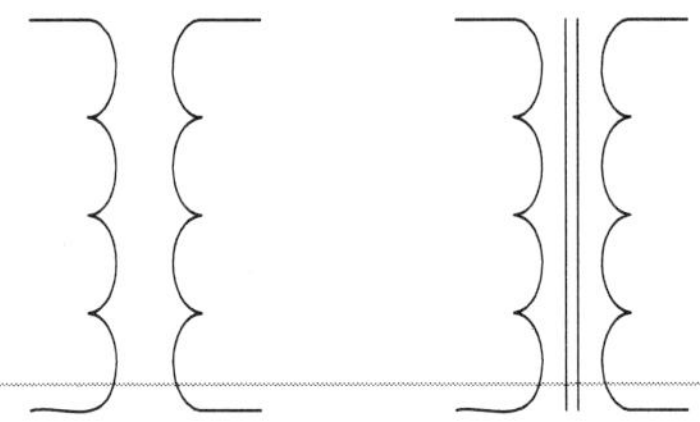

예제 9-4

변압기의 1차측 권선수(감은 횟수)가 100회이고 2차속 권선수가 50회이고 1차측 전압이 220 V일 때 2차측 전압은 얼마인가?

✔풀이 권선비가 100:50 즉 2:1 이므로 2차측 전압은 110 V가 된다.

9-3 유도성 리액턴스

인덕턴스 L을 갖는 인덕터에 교류가 흐르면 유도전류가 흐르고 이 전류가 교류의 흐름을 방해하게 된다. 전류의 흐름을 방해한다는 것은 저항과 같은 성질을 갖는 것을 의미한다. 이 때 전류의 흐름을 방해하는 성질을 **유도성 리액턴스**(Inductive Reactance)라고 하며 X_L로 표시하고 단위는 저항과 마찬가지로 Ω을 사용한다. 유도성 리액턴스는 당연히 유도전압의 크기에 영향을 끼치는 인덕턴스 L과 관련이 있을뿐더러 교류의 주파수 f와도 깊은 연관을 가진다.

$$X_L = 2\pi f L \qquad (9-4)$$

직류 전류는 전류의 변화가 없으므로 자장의 변화도 없어서 마치 코일에 자석을 가까이 하거나 멀리하지 않고 대어 놓고 움직이지 않는 것과 같다.

식 9−2($V_L = L\frac{di}{dt}$)에서 보듯 유도전압 V_L은 전류의 변화율에 비례한다. 전류의 변화율이 클수록 유도전압은 커진다. 유도전압이 커진다는 것은 그만큼 유도전류가 많이 생기므로 유도전류를 발생시키는 전류의 흐름을 크게 방해하는 것을 의미한다. 또 전류의 변화율이 크다는 것은 주파수가 높다는 것과 상통한다. 그러므로 식9−3은 충분히 추측 가능한 식이다. 이 식에서 2π가 들어간 것은 $2\pi f$가 회전체의 각속도이기 때문이다. 이것도 사인파가 회전체와 관련이 있다는 것을 알고 있으면 짐작이 가는 값이다. 회전체의 경우 회전 반경에 따라서 원주에서의 회전 속도가 다르므로 회전체의 속도를 얘기할 때는 초당 얼마나 큰 각을 회전했느냐를 나타내는 각속도를 이용한다.

유도성 리액턴스는 인덕턴스와 주파수(또는 각속도)에 비례한다. 식 9−3에서 주파수가 0 일 때 즉 직류에 대해서는 리액턴스가 0Ω 임을 알 수 있다.

유도성 리액턴스 X_L은 저항과 마찬가지로 전류와 전압의 비 $\frac{V}{I}$로도 나타낼 수 있다. 그림 9−8에서 X_L이 500Ω일 때 0.44A의 전류가 흐른다.

[그림 9-8] $X_L = \frac{V_L}{I_L}$

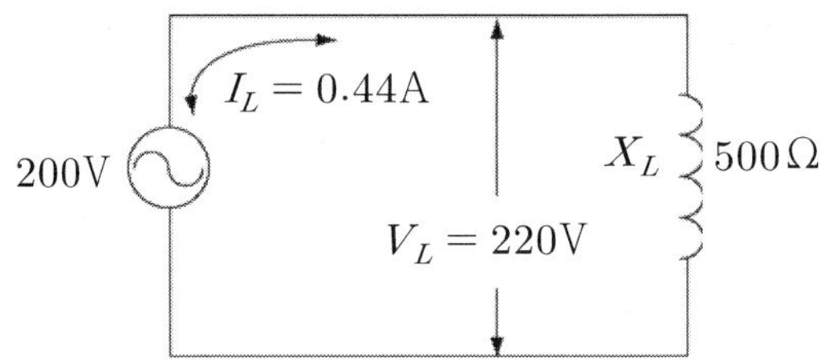

예제 9-5 exemple

$100kHz$ 교류에서 인덕턴스가 $5mH$ 일 때 유도성 리액턴스는 얼마인가?

✔풀이 $X_L = 2\pi fL = 2\pi \times 100 \times 10^3 \times 5 \times 10^{-3} = 1000\pi = 3141\Omega$

예제 9-6 exemple

리액턴스가 1000Ω이고 인덕턴스가 $15mH$ 이다. 이 인덕턴스에 가해진 교류 신호의 주파수는 얼마인가?

✔풀이 $X_L = 2\pi fL$

$$f = \frac{X_L}{2\pi L} = \frac{1000}{2\pi \times 15 \times 10^{-3}} = 10610Hz = 10.61kHz$$

▣ 유도성 리액턴스의 직렬연결 병렬연결

유도성 리액턴스는 저항처럼 단위가 Ω이고 실제로 전류의 흐름을 방해하는 양이므로 N 개의 인덕터를 직렬로 연결했을 경우 저항처럼 모두 더하면 전체 리액턴스를 구할 수 있다.

$$X_{LT} = X_{L1} + X_{L2} + X_{L3} + ... + X_{LN} \tag{9-5}$$

N 개의 인더터를 병렬로 연결했을 경우 전체 리액턴스를 구하면 저항을 병렬로 연결했을 때처럼

$$\frac{1}{X_{LT}} = \frac{1}{X_{L1}} + \frac{1}{X_{L2}} + \frac{1}{X_{L3}} + ... + \frac{1}{X_{LN}} \tag{9-6}$$

와 같이 구할 수 있다.

X_L에서는 오옴의 법칙도 그대로 적용되어 전류와 전압의 비를 이용하여 유도성 리액턴스 X_L을 구할 수 있다.

9-4 유도성 회로

[그림 9-9] 인덕터 회로

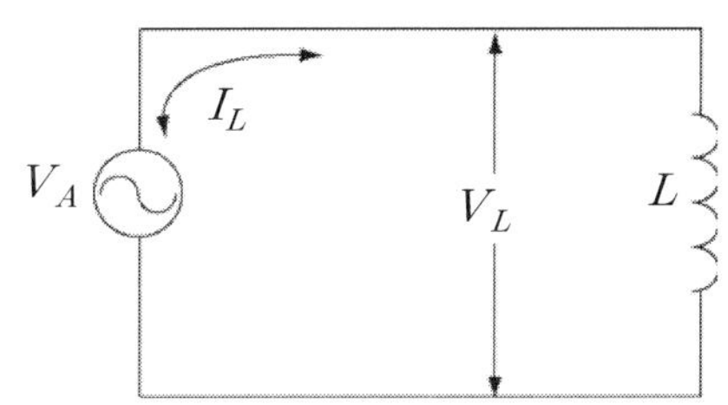

유도성 회로란 유도성 리액턴스 X_L과 저항 R이 같이 있는 회로를 일컫는다. 유도성 회로를 논하기 전에 먼저 인덕터와 교류회로가 존재하는 **그림** 9−9와 같은 회로에서 전압과 전류의 관계를 알아보자. 이 회로는 직렬 회로이므로 이 회로에 흐르는 전류는 어느 곳에서나 동일하다. 이 전류 I_L이 인덕턴스가 L인 인덕터에 흐르면 인덕터 양단에

유도전압 V_L이 나타난다. 이 회로에 흐르는 전압과 유도전압 사이의 위상을 나타내면 **그림 9-10**과 같다. 전압의 위상이 전류의 위상보다 90도 빨리 나타난다. **그림 9-10**에서 전압 V_L을 살펴보면 시간이 0 일 때 다시 말하면 회로의 스위치가 닫혀서 전류가 흐르기 시작할 때 전압 파형을 살펴보면 a부터 나타나지 않고 b부터 나타나고 있다. 그래서 저항없이 인덕터만 있는 회로에서는 전압의 위상이 전류의 위상보다 90도 빨리 나타난다.

[그림 9-10] 전류보다 90도 빠른 전압

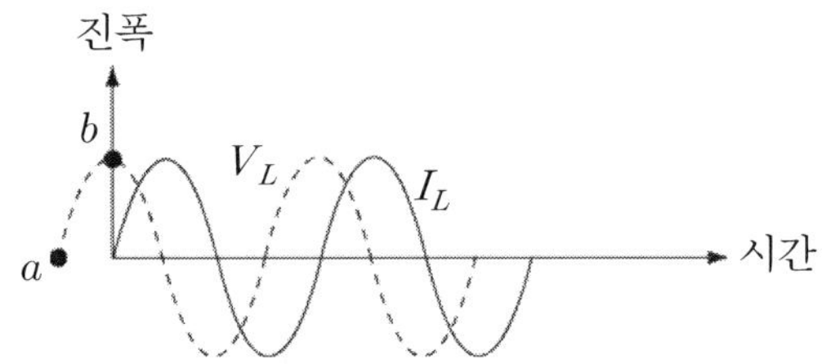

그림 9-10을 보면 점선으로 나타나 있는 V_L의 경우 I_L의 기울기와 관계가 있음을 알 수 있다. 즉 전류 I_L의 기울기가 클 때 V_L의 값이 제일 크고 I_L의 기울기가 0일 때 V_L의 값은 0이 된다. I_L의 기울기란 I_L을 나타내는 사인 곡선의 한 부분만 닿도록 직선을 그었을 때 그 직선이 나타내는 기울기가 그 지점에서의 사인파형의 기울기이다. I_L의 기울기가 시간이 변함에 따라 계속해서 변하고 있으므로 V_L의 값도 계속해서 변하고 있다. 이것은 앞에서 나왔던 유도전압에 관한 식 $V_L = L\frac{di}{dt}$ 와 일치한다. 여기서 $\frac{di}{dt}$는 시간에 따른 전류의 변화 즉 전류의 기울기이다.

위상이란 회전체가 회전할 때의 시작점과 같은 개념이다. 예를 들어

자전거 바퀴의 타이어 한 부분에 야광 테이프를 붙인 후 이 자전거를 몰고 갈 때 이 야광 테이프가 그리는 궤적을 관찰하면 사인파의 형태를 보일 것이다. 그런데 이 야광 테이프가 바퀴의 꼭대기에 붙어 있는 상태에서 회전하면 코사인파의 형태를 보이고 바닥에 닿는 부분에 붙어 있는 상태에서 회전하면 코사인파를 뒤집어 놓은 형태와 같을 것이다. 이 때 시작하는 지점의 각도 즉 회전을 최초 시작할 때에 우리가 관찰하기 시작하는 관찰점이 회전체의 기준점에서 몇도 지점에 있느냐를 나타내는 것이 위상이다.

[그림 9-11] 페이저도

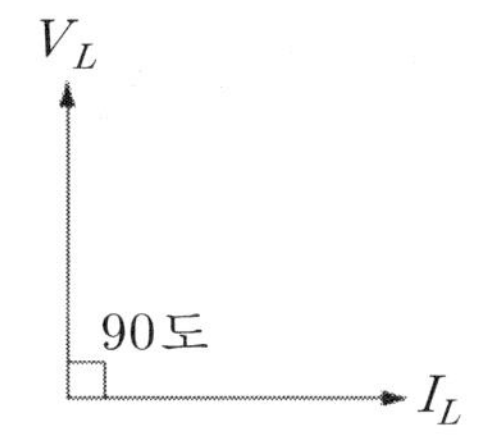

전류와 전압의 위상관계를 나타내는 페이저도를 그리면 **그림** 9-11과 같다. 인덕터와 전원이 직렬로 연결된 직렬회로이므로 전류를 기준으로 그렸다.

이번에는 인덕터와 직렬로 저항이 연결된 유도성 회로의 크기 및 위상 관계를 알아보자. **그림** 9-12에 있는 회로는 저항과 인덕터가 직렬로 연결된 직렬회로이다. 그러므로 모든 지점에서 전류의 세기가 동일하다. 당연히 전류의 위상도 동일하다. 즉 저항에 흐르는 전류나 인덕터를 통해서 흐르는 전류나 크기와 위상이 동일하다. 저항에 걸리는 전압은

$$V_R = IR = 0.2A \times 500\Omega = 100\,V$$

[그림 9-12] 저항과 인덕터가 직렬 연결된 회로

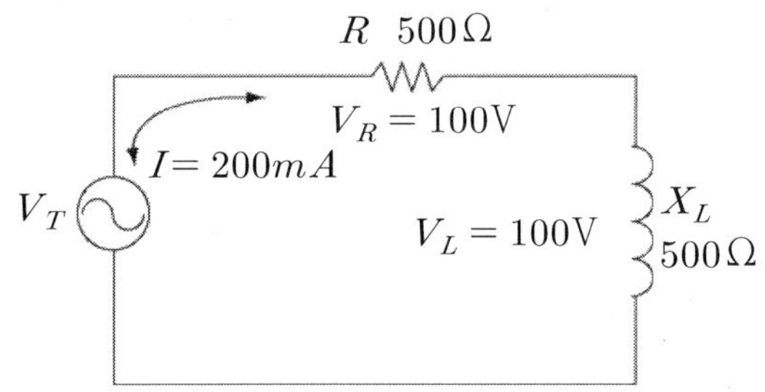

인덕터 양단에 걸리는 전압은

$$V_L = IX_L = 0.2A \times 500\Omega = 100\,V$$

[그림 9-13] 두 전압의 벡터 합성

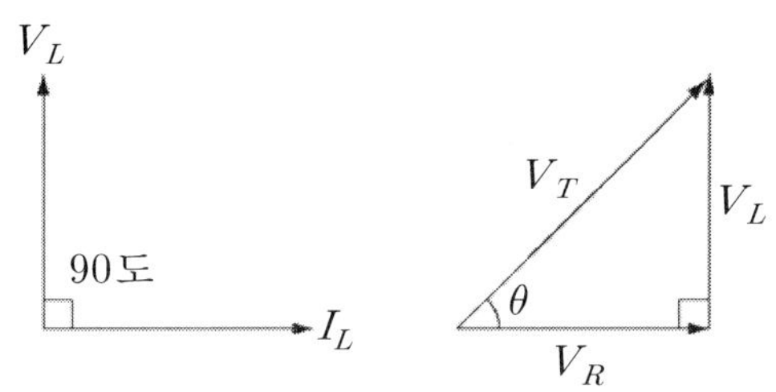

두 부품의 저항 및 유도성 리액턴스가 동일하므로 각각에 걸리는 전압의 크기는 동일하다. 그런데 한 가지 다른 것이 있다. 저항 양단에 걸리는 전압은 전류와 위상차이가 없지만 인덕터 양단에 걸리는 전압은 앞에서 살펴보았듯이 90도의 위상 차이가 난다. 크기는 같고 위상은 90도 차이가 나는 것이다. 전체전압 V_T는 두 전압 V_R과 V_L더해야 하는데 이 경우는 크기와 위상을 가지고 있는 벡터를 더하는 것이므로 **그림** 9-13과 같이 V_L 벡터를 V_R 벡터의 끝에 놓은 다음 두 벡터의 시작점과 끝점을 연결하면 V_T가 되고 V_T의 크기는 피타고라스의 정

리에 의해

$$V_T^2 = V_R^2 + V_L^2$$

이므로

$$V_T = \sqrt{V_R^2 + V_L^2} \qquad (9-7)$$

이다. 이에 따라 전압을 계산해보면

$$V_T = \sqrt{V_R^2 + V_L^2} = \sqrt{100^2 + 100^2} = \sqrt{20000}$$
$$= \sqrt{10000} \times \sqrt{2} = 100\sqrt{2} = 141\,V$$

전체전압 V_T와 저항에 걸리는 전압 V_R의 위상차를 계산하면

$$\tan\theta = \frac{V_L}{V_R}$$

따라서

$$\theta = \tan^{-1}\frac{V_L}{V_R} \qquad (9-8)$$

각도를 계산해보면

$$\theta = \tan^{-1}\frac{V_L}{V_R} = \tan^{-1}\frac{100}{100} = 45^\circ$$

이 회로에 흐르는 전류와 저항 양단의 전압 사이에는 위상차가 없으므로 이 각은 전체전압 V_T와 전류 I 사이의 위상차와 같다. 앞에서 구한 데이터는 전류를 기준으로 해서 전류와 인덕터 양단 전압 사이에는 90도의 위상차가 존재하고 전류와 저항 양단 전압 사이에는 위상차가 없으며 전류와 전체 전압 사이에는 45도의 위상차가 존재함을 의미한다.

▣ 임피던스(Impedance)

그림 9－12의 회로에서 전류 $I=200mA$ 이고 전압 $V_T=141\,V$ 이므로 이 회로에서 전류의 흐름을 방해하는 성분의 크기가

$$Z=\frac{V}{I}=\frac{141\,V}{0.2A}=705\Omega$$

임을 알 수 있다.

리액턴스가 전류의 흐름을 방해하는 것과 저항이 전류의 흐름을 방해하는 것 모두를 동시에 지칭할 때 **임피던스**라고 하고 Z로 타나낸다. 언뜻 보아도 임피던스 Z는 리액턴스와 저항을 바로 더한 것은 아님을 알 수 있다. 보통 우리가 더하는 방식은 **산술합**이라고 하고 방향까지 고려해서 더하면 **벡터합**이라고 하는데 리액턴스와 저항의 산술합은 100Ω 이다.

리액턴스에도 오옴의 법칙이 그대로 성립하는데 오옴의 법칙에 의하여 저항 양단의 전압 V_R과 인덕터 양단의 전압 V_L을 구하면

$$V_R = IR = 0.2\times 500 = 100\,V \tag{9-9}$$

$$V_L = IX_L = 0.2\times 500 = 100\,V \tag{9-10}$$

이다.

이 회로 내에서 전류는 일정하므로 **그림** 9－10과 **그림** 9－11처럼 인덕터 양단 전압의 90도 위상 변화를 가져오는 것은 순전히 인덕터의 리액턴스 때문임을 알 수 있다. 따라서 리액턴스 자체가 저항보다 위상이 90도 빠르다고 보면 9－8식과 9－9식에서 전압 V_R, V_L에 리액턴스의 위상차 90도가 그대로 반영되어 있음을 알 수 있다. 그래서 **그림** 9－14와 같이 저항과 리액턴스는 90도의 위상차가 나고 리액턴스의 위

상이 저항보다 90도 빠르다고 간주한다. 그러면 두 값이 90도 위상차가 나므로 두 값의 합은 벡터합이 됨을 알 수 있고 아래와 같은 식으로 구할 수 있다.

$$Z = \sqrt{R^2 + X_L^2} \tag{9-11}$$

이 식에 값을 대입하여 풀면

$$Z = \sqrt{R^2 + X_L^2} = \sqrt{500^2 + 500^2} = \sqrt{250000 \times 2} = 500\sqrt{2}$$

$$= 705\Omega$$

두 값의 위상차는

$$\theta = \tan^{-1}\frac{X_L}{R} \tag{9-12}$$

여기에 값을 대입하여 각도를 구하면

[그림 9-14] 직병렬회로의 합성저항 구하기

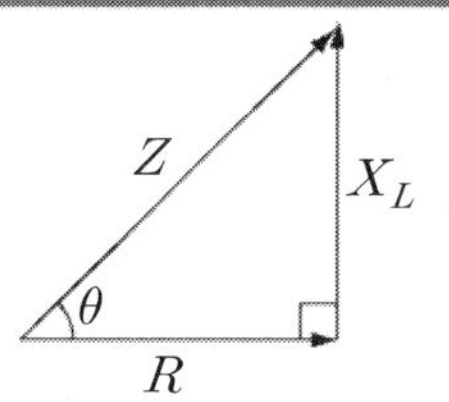

$$\theta = \tan^{-1}\frac{X_L}{R} = \tan^{-1}\frac{500}{500} = 45^\circ$$

이 값들은 **그림** 9-14에서 보듯 저항과 리액턴스 사이에는 90도의 위상차가 존재하며 그 값들이 각각 500Ω씩 이고 저항과 리액턴스를 모두 포함하는 임피던스 705Ω이고 그 임피던스와 저항 사이의 위상차가 45도 임을 의미한다.

다시 확인해 보자 저항과 리액턴스를 모두 포함하는 단어는 임피던스이다. 임피던스의 크기는 리액턴스와 저항의 크기로부터 피타고라스 정리를 이용하여 식 9－11처럼 계산하고 임피던스의 각도는 식 9－12과 같이 계산한다.

예제 9-7 exemple

저항이 3Ω이고 유도성 리액턴스가 4Ω 일 때 임피던스는 얼마인가?

✔풀이 $Z=\sqrt{R^2+X_L^2}=\sqrt{3^2+4^2}=\sqrt{25}=5\Omega$

$$\theta=\tan^{-1}\frac{X_L}{R}=\tan^{-1}\frac{4}{3}=53^{\circ}$$

▣ 리액턴스 X_L과 저항 R이 병렬 연결된 경우

그림 9－15에 있는 회로처럼 저항과 유도성 리액턴스가 병렬 연결된 경우를 살펴보자. 병렬회로의 특징은 전압이 같으므로 두 부품에 걸리는 전압의 크기는 V_A로 동일하다.

저항에 흐르는 전류나 저항에 걸리는 전압은 위상차가 없다. 저항은 위상 변화를 일으키는 부품이 아니다. 그러나 인덕터는 다르다. 인덕터에 흐르는 전류와 인덕터에 걸리는 전압 사이에는 90도의 위상차가 있다는 사실은 분명하다. 전압이 전류보다 90도 빠르다. 그런데 이 경우는 병렬회로이고 병렬회로에서는 전압이 동일하므로 전압을 기준으로 얘기해보자. 그러면 전압이 전류보다 90도 빠르다는 것은 전류가 전압보다 90도 뒤진다는 것과 동일하다. 그렇다면 이 회로에서는 전압이 기준이 되거나 전압과 위상이 동일한 전류, 즉 저항을 통해 흐르는 전류를 기준으로 얘기하는 것이 편리하다.

[그림 9-15] 저항과 인덕터의 병렬회로

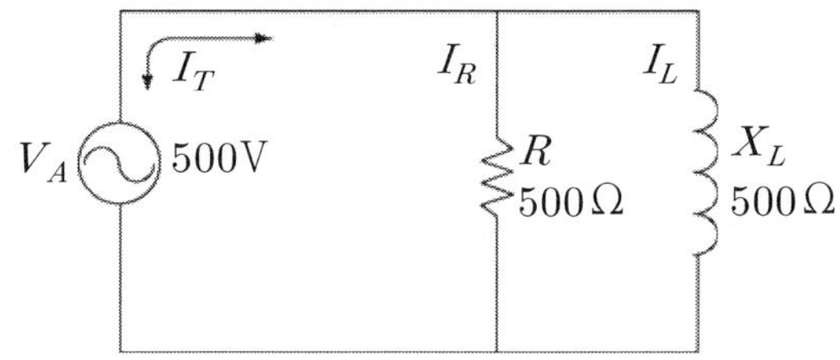

전류 I_R과 전류 I_L은 90도의 위상차가 난다. 인덕터에 흐르는 전류 I_L은 인덕터에 걸리는 전압보다 90도 늦다. 따라서 I_L은 I_R보다 90도 늦다. 페이저도를 그려보면 **그림** 9-16과 같다.

[그림 9-16] 페이저도

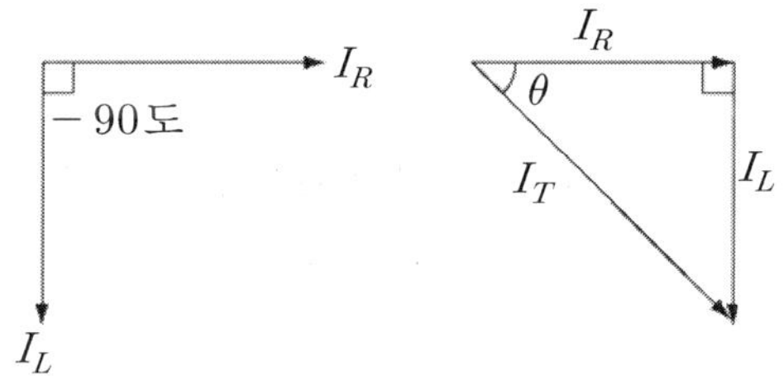

두 전류 I_R과 I_L을 벡터 합성하면 I_T를 얻을 수 있다.

$$I_T = \sqrt{I_R^2 + I_L^2} \tag{9-13}$$

$$\tan\theta = -\frac{I_L}{I_R} \text{ 이므로 } \theta = \tan^{-1}\left(-\frac{I_L}{I_R}\right) \tag{9-14}$$

이 회로의 임피던스 Z는

$$Z = \frac{V_A}{I_T} \tag{9-15}$$

그림 9-15의 회로에서 I_T와 θ및 Z를 구하면

$$I_R = \frac{V_A}{R} = \frac{500\,V}{500\Omega} = 1A$$

$$I_L = \frac{V_A}{X_L} = \frac{500\,V}{500\Omega} = 1A$$

$$I_T = \sqrt{I_R^2 + I_L^2} = \sqrt{1+1} = \sqrt{2} = 1.41A$$

$$\theta = \tan^{-1}(-\frac{I_L}{I_R}) = \tan^{-1}(-\frac{1}{1}) = -45^\circ$$

$$Z = \frac{V_A}{I_T} = \frac{500}{1.41} = 355\Omega$$

예제 9-8 exemple

저항 30Ω과 유도성 리액턴스 40Ω이 병렬로 연결된 회로에 120 V교류 전압이 인가되었다. I_R, I_L, I_T, 합성전류의 위상, 임피던스를 구하라.

✔풀이

$$I_R = \frac{V_A}{R} = \frac{120}{30} = 4A$$

$$I_L = \frac{V_A}{X_L} = \frac{120}{40} = 3A$$

$$I_T = \sqrt{I_R^2 + I_L^2} = \sqrt{4^2 + 3^2} = \sqrt{16+9} = \sqrt{25} = 5A$$

$$\theta = \tan^{-1}(-\frac{I_L}{I_R}) = \tan^{-1}(-\frac{3}{4}) = -37^\circ$$

$$Z = \frac{V_A}{I_T} = \frac{120}{5} = 24\Omega$$

CHAPTER

10 캐패시턴스

CHAPTER 10

두 도체판 사이에 유전체(誘電體)를 넣은 것을 캐패시터(Capacitor) 또는 **콘덴서**(Condenser)라고 하는데 이럴 경우 캐패시터는 전하를 축적하는 능력을 갖게 된다. 캐패시터의 전하 축적 능력을 나타낼 때 캐패시턴스를 사용한다. 캐패시턴스를 나타낼 때 대문자 C를 사용하며 캐패시턴스의 단위는 F(Farad, 패럿)을 사용한다. 우리말로는 정전용량이라고 한다.

10-1 캐패시터

캐패시터는 두 도체 사이에 유전체를 넣어서 전하를 축적하는 장치를 일컫는다. 유전체로는 공기, 종이, 운모(Mica), 자기(Ceramic), 전해질 등이 사용된다. 운모는 우리나라 화강암에 많이 들어 있는 물질이다. 화강암에는 석영, 장석 운모가 많이 들어 있다. 여러분들이 운모를 관찰하려면 어디에나 흔하게 있는 화강암을 자세히 들여다보면서 납작하고 반짝이는 물질을 찾아보면 된다. 운모를 다량으로 사용하는 전기제품으로는 다리미가 있다. 다리미는 열을 이용하지만 전기를 사용하는데 주로 젖은 옷을 다리기 때문에 절연에 유의하여야 한다. 그래서 다리미 밑의 열판 내부에는 다량의 두꺼운 운모가 들어 있다. 못쓰는 다리미가 있으면 뜯어 보는 것도 흥미있을 것이다. 새 다리미를 뜯어보면 어머니께 야단 맞을 각오를 단단히 하여야 하지 않을까 싶다.

사용되는 유전체의 특성에 따라 캐패시터의 특성이 결정된다. 유전체는 한자 뜻 그대로 풀이하면 전기를 유인하는 물질이다. 유전체는 사실상 부도체로서 유전체내에서 전하가 이동하지는 못한다. 이동하지 못한다는 것은 갇혀 있는 것을 의미하게 되는데 이것을 이용해 전하를 축적해 두는 것이다.

[그림 10-1] 세라믹 캐패시터

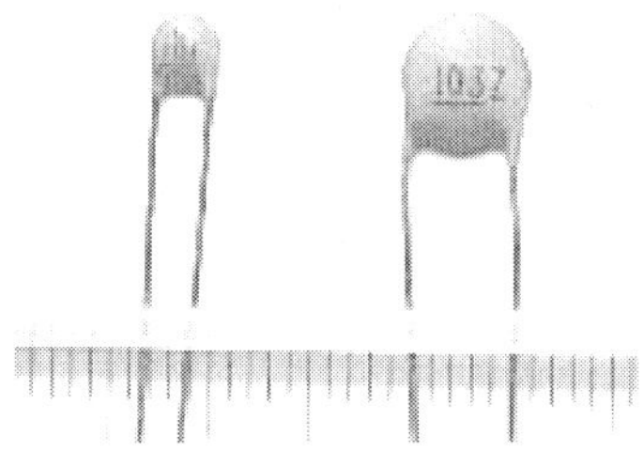

그림 10-1은 세라믹 콘덴서를 보여 주고 있다. 이 캐패시터는 유전체로 세라믹(도자기의 일종)을 사용하고 극성 구분없이 쓰이는 무극성 콘덴서이며 정보통신기기 등에 많이 쓰인다.

알루미늄 전해 캐패시터는 유전체로 얇은 산화막을 사용하고, 전극으로는 알루미늄을 사용하고 있다. 유전체를 매우 얇게 할 수 있으므로 콘덴서의 체적에 비해 큰 용량을 얻을 수 있다. 정전용량(캐패시턴스)이 크기 때문에 에너지 축적능력이 크고 평활효과가 뛰어나며 전압범위 및 용량범위가 다양하다. 다른 커패시터에 비해 가격이 저렴하고 전원단의 평활용이나 교류 및 직류가 섞인 회로에서 교류만 통과시키는 Bypass 회로에 많이 사용되고 오디오기기, 어댑터(Adaptor), 충전기, 카메라 플래쉬 등에 쓰인다. +, - 극성을 구별하여 사용한다.

[그림 10-2] 알루미늄 전해 캐패시터

[그림 10-3] 탄탈 전해 캐패시터

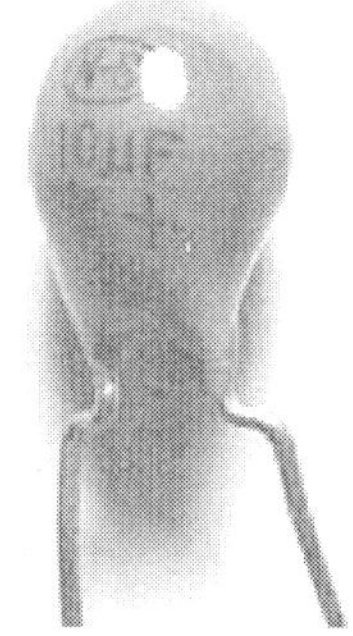

탄탈 전해 캐패시터는 **탄탈 콘덴서**(Tantalum condenser)라고도 부르며, 전극에 탄탈륨이라는 재료를 사용하고 있는 전해콘덴서이다. 알루미늄 전해콘덴서와 마찬가지로, 비교적 큰 용량을 얻을 수 있다. 그리고 온도 특성(온도의 변화에 따라 용량이 변화한다. 용량이 변화하지 않을수록 특성이 좋다고 말한다), 주파수 특성 모두 알루미늄 전해콘덴서 보다 우수하다. 극성을 구별한다.

[그림 10-4] 폴리에스테르 필름 캐패시터

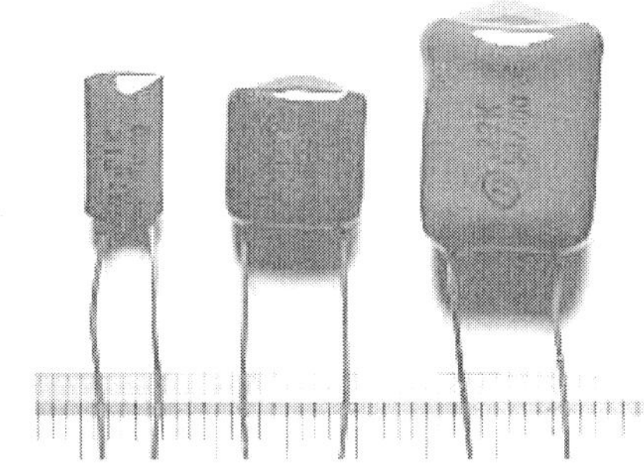

폴리에스테르 필름 캐패시터는 마일러(Mylar) 콘덴서라고도 하며, 얇은 폴리에스테르(polyester) 필름을 양측에서 금속으로 삽입하여, 원통형으로 감은 것이다. 저가격으로 사용하기 쉽지만, 높은 정밀도는 기대할 수 없다. 오차는 대략 ±5%에서 ±10% 정도이다.

[그림 10-5] 마이카 캐패시터

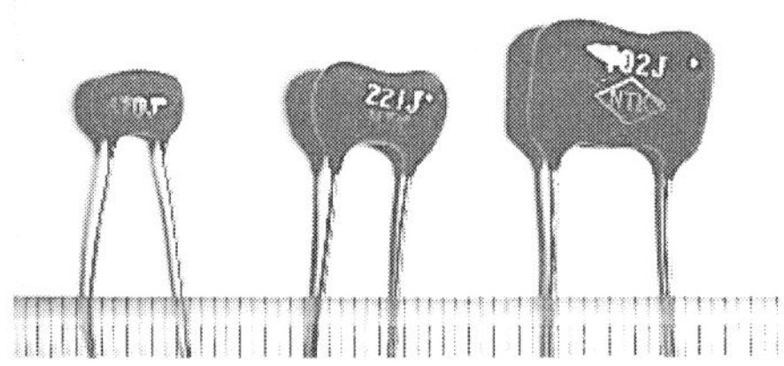

마이카 캐패시터는 유전체로 운모(mica)를 사용한 콘덴서이다. 운모는 온도계수가 작고 안정성이 우수하며, 주파수 특성도 양호하기 때문에, 고주파에서의 공진회로나 필터회로 등에 사용된다. 또한, 절연내압도 우수하므로 고압회로에도 사용된다. 이전에는 진공관식 무선송신기 등에 흔히 사용되었다. 결점으로는 용량이 그다지 크지 않고, 비싸다.

[그림 10-6] 캐패시터 기호

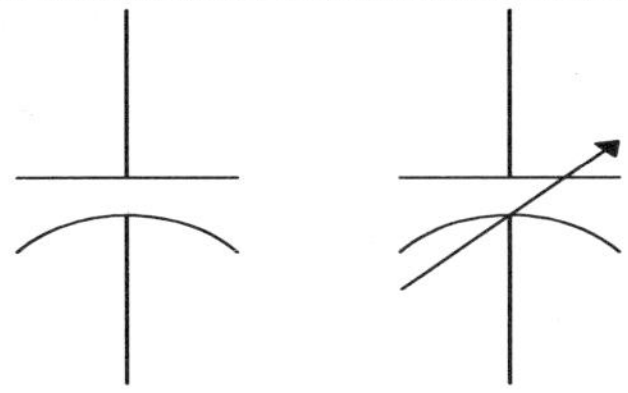

[그림 10-7] 캐패시터의 정전유도

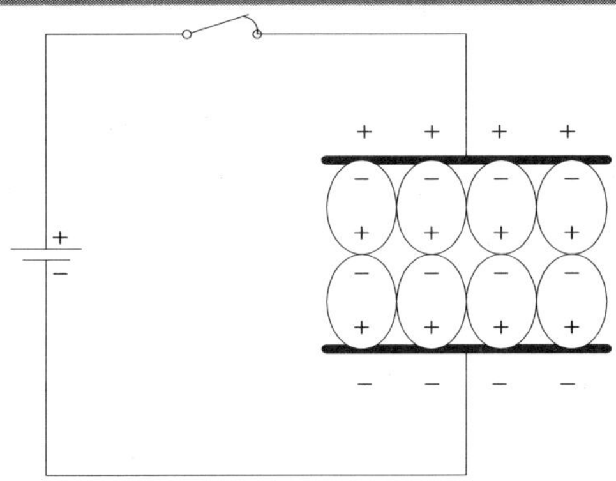

캐패시터를 나타내는 기호는 **그림** 10-6와 같다. 사용자가 캐패시턴스를 바꿀 수 있는 가변형은 화살표가 붙어 있다.

캐패시터는 기본적으로 정전유도 현상에 의해 전하를 축적하게 된다. 캐패시터에 전원을 연결하고 스위치를 켜면 **그림** 10-7과 같은 회로가 된다. 이 회로의 오른쪽에 있는 것은 얇은 도체판 내에 유전체가 들어 있는 캐패시터이다. 유전체는 부도체이다. 자유전자가 거의 없으므로 전하의 이동이 없다. 따라서 전류가 흐르지 않는다.

이 회로에서 스위치가 켜지면 배터리의 +극에서 당기는 힘에 의해 캐패시터의 위쪽 도체판에 있던 자유전자가 배터리의 +극으로 이동한다. 전기적으로 중성이었던 도체판은 자유전자를 잃어버려서 + 극성을 나타낸다. 이 +극성이 도체판 내의 유전체에 영향을 끼쳐서 유전체의 원자 내에 있는 전자가 +가 당기는 힘을 받아 한 쪽으로 쏠리게 된다. 유전체는 부도체이므로 +극성의 당기는 힘에 의해 끌려 갈 자유전자가 없지만 원자 주위를 도는 자유전자의 궤도가 한 쪽으로 쏠리게 되므로 위쪽은 -극성, 아래쪽은 +극성을 띠게 된다. 이것이 인접한 원자에게도 같은 영향을 주어서 유전체 내의 모든 원자가 극성을 띠게 된다. 결국 아래쪽 도체판에 닿아 있는 유전체의 극성이 + 이므로 +극성의 당기는 힘에 의해 아래 도체판에는 배터리에서 자유전자가 끌려오게 된다.

결국 도체판의 위쪽에는 + 전하가, 아래쪽에는 -전하가 몰려있게 되는 셈이다. 이것이 캐패시터의 전하 축적 원리이다. 이와 같이 전하가 몰리는 것을 **충전**이라고 한다.

충전 작용이 일어나는 동안 위쪽 도체판의 자유전자가 배터리로 끌려가므로 배터리에서 위쪽 도체판 쪽으로 전류가 흐르게 된다.(이미 알고 있듯이 자유전자의 이동과 전류의 이동 방향은 서로 반대이다.) 아래쪽 도체판에는 배터리에서 자유전자가 몰려 오므로 도체판에서 배터리의 - 극 쪽으로 전류가 흐르게 되어 전체적으로 시계 방향으로 전류가 흐르는 것처럼 보인다. 이 때 흐르는 전류는 절대로 캐패시터를 지나쳐서 흐르는 것이 아니다. 캐패시터의 위쪽 도체판에서는 전자가 빠져 나가고 아래쪽 도체판에는 전자가 몰려 오는 현상에 의해 전류가 흐르는 것이다.

한번 이런 현상이 일어나서 모든 전자의 이동이 끝나고 나면 더 이상 전자의 이동이 없으므로 전류가 흐르지 않는다. 충전이 끝난 것이다.

충전이 끝난 상태, 즉 캐패시터에 전하가 저장된 상태에서 스위치를 열고 전원을 제거한 후 제거된 자리를 연결해 보자. 스위치를 닫으면 어떤 현상이 생길 것인가?

스위치를 닫게 되면 그림 10-8와 같이 위쪽 도체판과 아래쪽 도체판이 서로 연결되므로 이 연결통로를 통해 아래쪽 도체판에 있던 자유전자가 위쪽 도체판의 +가 당기는 힘에 이끌려 이동하게 된다. 전자는 시계 방향으로 이동하고 전류는 반시계 방향으로 흐르게 된다. 이 현상을 **방전**이라고 한다.

[그림 10-8] 캐패시터의 방전

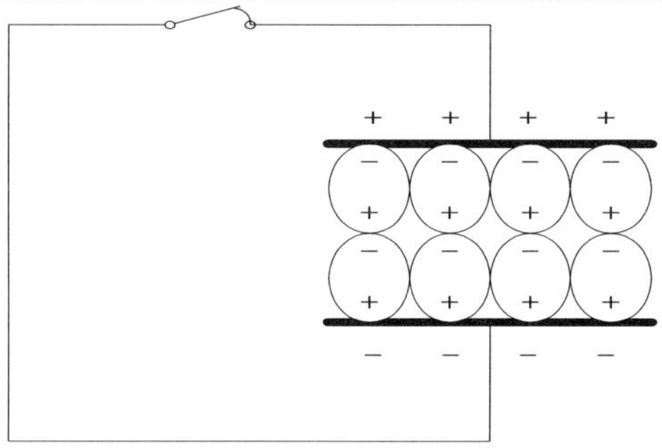

자유전자의 이동이 끝나면 위쪽 도체판은 자유전자를 얻어 중성이 되고 아래쪽 도체판은 과도한 자유전자를 잃어서 중성 상태로 변하게 된다. 도체판의 전기적 성질이 중성으로 변했으므로 더 이상 인력이나 척력이 존재하지 않아 전류의 흐름이 중지된다. 방전이 끝난 것이다. (그림 10-9)

[그림 10-9] 방전이 끝난 캐패시터

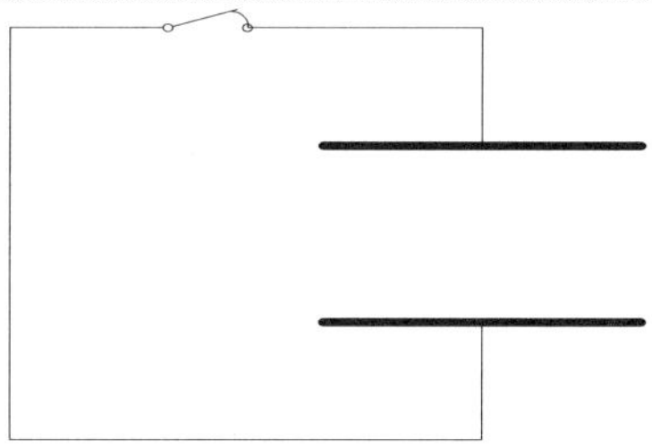

충전시에 흐르는 전류를 충전전류라 하고 방전시에 흐르는 전류를 **방전전류**라 한다. 캐패시터에 흐르는 전류는 이 충전전류와 방전전류인 것이다. 충전이 끝난 캐패시터에는 더 이상 전류가 흐르지 않는다. 전류가 흐르기 위해서는 방전이 되어야 한다. 방전이 끝난 캐패시터도 전류가 흐르지 않는다. 전류가 흐르기 위해서는 충전이 되어야 한다. 따라서 캐패시터에 연속적으로 전류가 흐르기 위해서는 충전과 방전을 거듭해야 하는 것이다.

▣ 캐패시터의 정전용량

정전용량(캐패시턴스), 즉 캐패시터에 얼마나 많은 전하를 저장할 수 있느냐 하는 것이 캐패시터의 능력을 나타내는 가장 큰 항목일 것이다. 캐패시터의 캐패시턴스는 물통의 크기를 나타내는 것과 같다. 물통이 크면 물을 많이 담을 수 있고 작으면 적게 담을 수 있듯 정전용량이 캐패시터의 충방전량을 결정한다. 캐패시턴스의 단위는 F이고 여기에 전압을 곱하면 캐패시터에 채워진 전하량을 나타낸다.

$$Q = CV \qquad (10-1)$$

Q는 전하량을 나타내고 이 식은 정전용량 C인 캐패시터에 V볼트의 전압이 걸렸을 때 저장된 전하량을 나타낸다.

예제 10-1 exemple

캐패시턴스가 4.7μF인 캐패시터 양단에 12 V가 걸렸다. 이 캐패시터에 얼마의 전하가 저장되는가?

✔풀이 $Q = CV = 4.7 \times 10^{-6} \times 12 = 56.4\mu C$

CHAPTER 10

예제 10-2

2초 동안 $8\mu A$의 전류가 일정하게 $100nF$의 캐패시터에 충전되었다면 캐패시터 양단 전압은 얼마인가?

풀이 $Q = It = 8 \times 10^{-6} \times 2 = 16 \times 10^{-6} C$

$Q = CV$ 이므로

$$V = \frac{Q}{C} = \frac{16 \times 10^{-6}}{100 \times 10^{-9}} = 0.16 \times 10^{3} V = 160 V$$

▣ 캐패시터의 연결

캐패시터 N 개를 직렬 연결하였을 때 합성 캐패시턴스는

$$\frac{1}{C_T} = \frac{1}{C_1} + \frac{1}{C_2} + \frac{1}{C_3} + \ldots + \frac{1}{C_N} \qquad (10-2)$$

캐패시터를 직렬로 연결했을 때 전체 캐패시턴스는 각 캐패시턴스의 역수를 더해서 그 결과의 역수를 취하면 된다.

캐패시터 N 개를 병렬로 연결하였을 때 합성 캐패시턴스는 각 캐패시턴스를 더하면 된다.

$$C_T = C_1 + C_2 + C_3 + \ldots + C_N \qquad (10-3)$$

예제 10-3

$0.47\mu F$ 캐패시터와 $0.1\mu F$ 캐패시터가 병렬 연결되었다. 합성 캐패시턴스는 얼마인가?

풀이 $C_T = C_1 + C_2 = 0.47 + 0.1 = 0.57\mu F$

예제 10-4

$0.47\mu F$ 캐패시터와 $0.1\mu F$ 캐패시터가 직렬 연결되었다. 합성 캐패시턴스는 얼마인가?

풀이

$$\frac{1}{C_T}=\frac{1}{C_1}+\frac{1}{C_2}=\frac{1}{0.47\times 10^{-6}}+\frac{1}{0.1\times 10^{-6}}$$

$$C_T=0.082\mu F=82nF$$

예제 10-5

$2\mu F$과 $3\mu F$ 두개의 캐패시터가 직렬로 연결되어 있다. 이 회로에 $60\mu A$의 전류가 2초 동안 흘렀다. 각 캐패시터에 걸리는 전압을 구하라.

풀이 $C_1=2\mu F$, $C_2=3\mu F$이라고 하고 이 캐패시터에 걸리는 전압을 V_1, V_2라고 하자. 직렬회로에서는 전류가 동일한데 Q도 $Q=It$이고 전류가 동일하고 시간도 동일하므로 이 직렬회로 내의 어느 캐패시터든지 충전되는 전하량 Q가 일정하다.

$$Q=It=60\mu A\times 2s=120\times 10^{-6}$$

$$V_1=\frac{Q}{C_1}=\frac{120\times 10^{-6}}{2\times 10^{-6}}=60\,V$$

$$V_2=\frac{Q}{C_2}=\frac{120\times 10^{-6}}{3\times 10^{-6}}=40\,V$$

10-2 용량성 리액턴스

캐패시터를 통해서는 전류가 흐를 수 없다. 하지만 캐패시터에 충전과 방전이 일어나면서 충전전류와 방전전류를 캐패시터에 흐르는 전류로 간주한다. 앞으로는 캐패시터에 흐르는 전류라고 하면 바로 이 충전전류와 방전전류를 가리키는 것으로 약속하자.

캐패시터에 흐르는 전류의 세기는 충전전류와 방전전류의 크기에 의해서 결정되어 지는데 캐패시턴스 C가 크면 충방전전류가 많이 흐를 것이고 캐패시턴스가 작으면 충방전 전류가 적게 흐를 것이다. 또 전류 $I=\dfrac{Q}{t}$는 단위 시간당 전하의 양이므로 단위 시간당 많은 전하가 이동하면 전류의 세기가 세어진다. 따라서 충방전이 자주 일어나게 되면 단위 시간당 전류의 양이 많아진다. 어떤 캐패시터는 1초에 $100\mu C$ 충전되고 어떤 캐패시터는 0.5초에 $100\mu C$ 충전된다면 후자는 1초에 $200\mu C$ 충전되는 셈이므로 훨씬 많은 전류가 흐르는 셈이다.

캐패시터가 있는 회로에서 전류의 양을 결정하는 것은 캐패시턴스 C와 주파수 f임을 알 수 있다. 캐패시턴스 C가 크면 전류가 많이 흐르고 주파수 f가 크면 전류가 많이 흐르므로 전류가 C와 f에 비례한다는 추정이 가능하다.

이렇게 주파수와 정전용량에 의해서 회로에 흐르는 전류의 양이 결정되는데 이를 용량성 리액턴스 X_C라고 하고 다음과 같은 식으로 표현되며 단위는 Ω이다.

$$X_C = \frac{1}{2\pi f C} \qquad (10-4)$$

같은 주파수의 교류 신호가 인가될 때 주파수가 높으면 용량성 리액턴스가 자고 주파수가 낮으면 용량성 리액턴스가 크다. 직류 전원에 대해서 캐패시터의 리액턴스를 구하면 주파수 f가 0 이므로 식 10-4에서 X_C는 무한대가 되어 전류가 흐르지 않는다. 실제로 직류 전원을 연결하면 연결하는 순간 충전전류가 잠깐 흐르고 충전이 끝나면 더 이상 전류가 흐르지 않는다.

교류 전원의 주파수가 같은 상태에서는 캐패시턴스가 커지면 리액턴스가 작아지고 캐패시턴스가 작아지면 리액턴스가 커진다.

예제 10-5 exemple

주파수가 60 Hz인 교류전원에 100 μF 캐패시터가 직렬 연결되어 있다. 리액턴스 X_C는 얼마인가?

✔풀이 $X_C = \frac{1}{2\pi f C} = \frac{1}{2\pi \times 60 \times 100 \times 10^{-6}} = 27\Omega$

예제 10-6 exemple

예제 10-5에서 주파수가 10 Hz로 바뀌면 리액턴스는 얼마인가?

✔풀이 $X_C = \frac{1}{2\pi f C} = \frac{1}{2\pi \times 10 \times 100 \times 10^{-6}} = 159\Omega$

예제 10-7 exemple

예제 10-5에서 캐패시턴스가 47 μF으로 바뀌면 리액턴스는 얼마인가?

✔풀이 $X_C = \frac{1}{2\pi f C} = \frac{1}{2\pi \times 60 \times 47 \times 10^{-6}} = 56\Omega$

▣ 캐패시터가 직렬이나 병렬로 연결되었을 때의 합성 리액턴스

캐패시터가 직렬이나 병렬로 연결되었을 때 용량성 리액턴스는 저항을 직렬이나 병렬로 연결했을 때와 같은 방식으로 계산된다.

리액턴스가 각각 X_1, X_2, X_3, ⋯, X_N인 캐패시터를 직렬로 N개 연결했을 때 합성 리액턴스는

$$X_T = X_1 + X_2 + X_3 + \ldots + X_N \tag{10-5}$$

리액턴스가 각각 X_1, X_2, X_3, ⋯, X_N인 캐패시터를 병렬로 N개 연결했을 때 합성 리액턴스는

$$\frac{1}{X_T} = \frac{1}{X_1} + \frac{1}{X_2} + \frac{1}{X_3} + \ldots + \frac{1}{X_N} \tag{10-6}$$

예제 10-8 *exemple*

각각 300Ω의 리액턴스를 갖는 캐패시터 3개가 병렬 연결되어 있다. 합성 리액턴스는 얼마인가?

✔풀이 저항의 병렬합성과 마찬가지로 같은 리액턴스를 갖는 캐패시터가 N개 연결되어 있을 때 합성 리액턴스는 리액턴스를 N으로 나누면 된다.

$$X_T = \frac{X_C}{N} = \frac{300}{3} = 100\Omega$$

10-3 용량성 회로

[그림 10-10] 용량성 회로

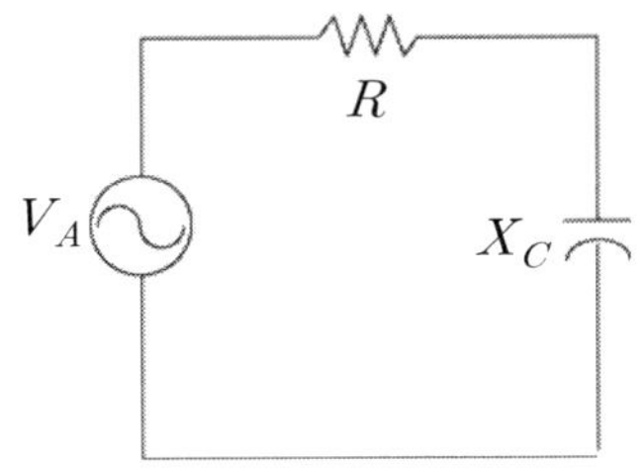

용량성 회로란 그림 10-10처럼 저항과 용량성 리액턴스가 같이 연결되어 있는 회로를 일컫는 말이다.

용량성 회로를 논하기 전에 먼저 캐패시터 회로에서 전압과 전류의 관계를 알고 넘어 갈 필요가 있다. 그림 10-11에서 보면 점선으로 표시된 전류가 실선으로 표시된 전압보다 90도 앞서는 것을 볼 수 있다. 회로에 전원을 가했을 때(그림에서 x축이 시작되는 점) 캐패시터 양단 전압은 0A에서부터 시작하지만 캐패시터에 흐르는 전류는 a처럼 시작하지 않고 b에서 시작하므로 스위치를 넣는 순간 최대전류가 흐르고 점점 감소해 나간다.

캐패시터 양단에 사인파 전압 V_A를 가했을 때 캐패시터 양단에 나타나는 전압 V_C는 인가전압 V_A와 동일하다. 따라서 V_C는 사인파 형태로 나타난다. 이 사인파를 그림 10-11처럼 90도씩 네구간으로 나누어 360도 전구간에 대해 전류의 변화를 살펴보자. 이 때 고려할 부분은 캐패시터에 흐르는 전류 I_C는 캐패시턴스에 비례하고 또한 전압의 변화율($\frac{dv}{dt}$)에 비례한다는 것이다.

$$i_C = C\frac{dv}{dt} \qquad (10-7)$$

그림 10－12는 캐패시터 양단 전압 V_C가 1구간에 있을 때의 전류 변화를 보여준다. 이 구간에서는 캐패시터 양단 전압이 0V부터 시작해서 계속 증가하고 있고 결국 최고값에 도달하는데 1구간 시작할 즈음에 전압 변화율(기울기)이 제일 크므로 급속 충전이 이루어져 상당히 많은 충전 전류가 흐르게 된다. 즉 급속 충전이 이루어지는 셈이다. 그러다가 전압이 최고일 때 즉 충전이 거의 끝날 무렵에는 충전 전류가 거의 흐르지 않게 된다. 이 구간에서는 전압원 V_A가 계속 증가하므로 캐패시터 전압 V_C도 계속 충전이 이루어져서 V_A와 동일한 전압을 가진다.

[그림 10－11] 전압과 전류의 위상 변화

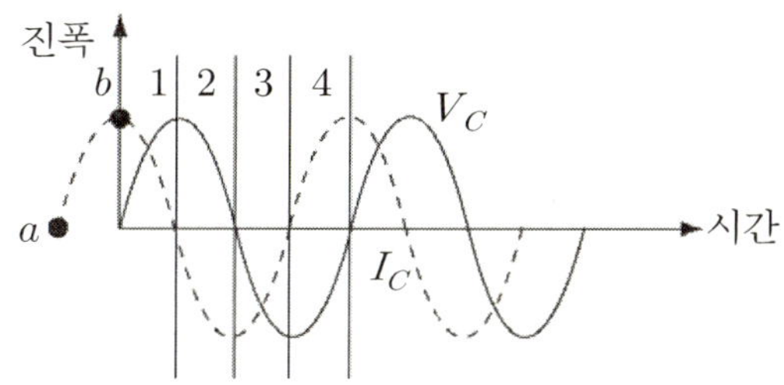

2구간에서는 전압이 감소하기 시작하므로 방전되고 있음을 의미한다. **그림** 10－12와 **그림** 10－13에서 관찰해보면 캐패시터 전압원 V_A가 감소하므로 캐패시터에 충전되어 있던 전류가 방전하기 시작해 캐패시터 전압 V_C가 감소하고 전류는 반대 방향으로 흐르기 시작하며 전압이 낮아질수록 방전 전류의 크기가 증가함을 알 수 있다.

3구간과 4구간에서는 전압의 방향이 바뀌었다. 전압의 방향만 바뀐 것 빼고는 1구간 및 2구간과 동일하다.

[그림 10-12] 1구간에서 충전 전류

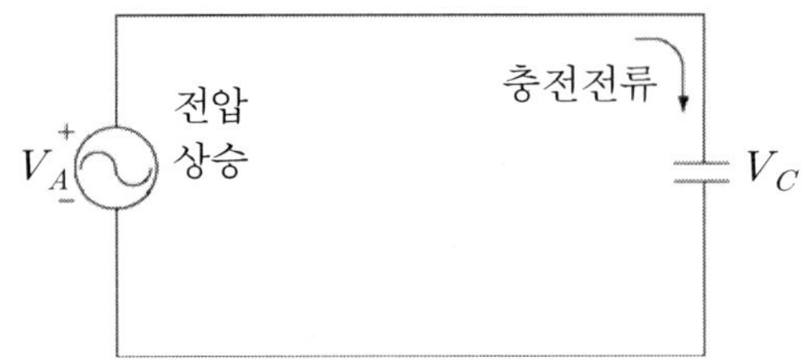

[그림 10-13] 2구간에서의 방전 전류

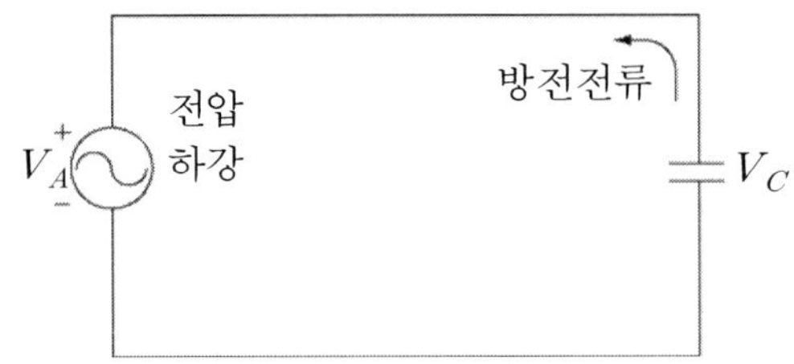

3구간에서 전압이 방향만 바뀐 상태에서 전압의 크기는 상승한다. 따라서 그림 10-14처럼 충전 전류가 흐르고 3구간의 시작점에서 제일 큰 전류가 흐르다가 충전이 끝나면 거의 흐르지 않는다.

[그림 10-14] 3구간에서의 충전 전류

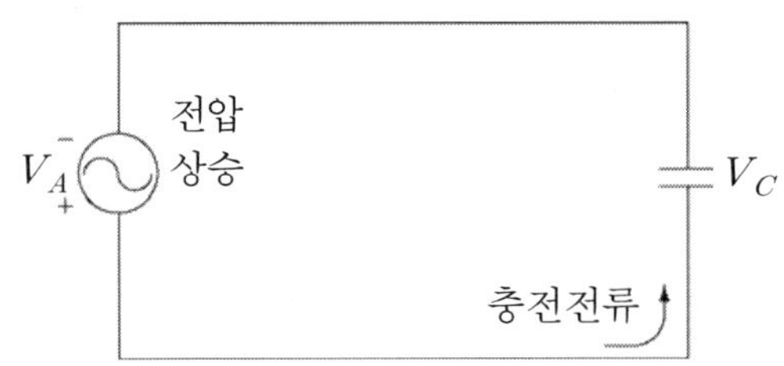

4구간에서는 전압원 V_A가 감소하기 시작하므로 캐패시터에 충전되어 있던 전하를 흘려 내 보내는 방전이 발생한다.

캐패시터에서는 전류가 전압보다 90도 빠르다. 이것을 페이저도로 그리면 그림 10-17와 같다.

CHAPTER 10

[그림 10-15] 4구간에서의 방전 전류

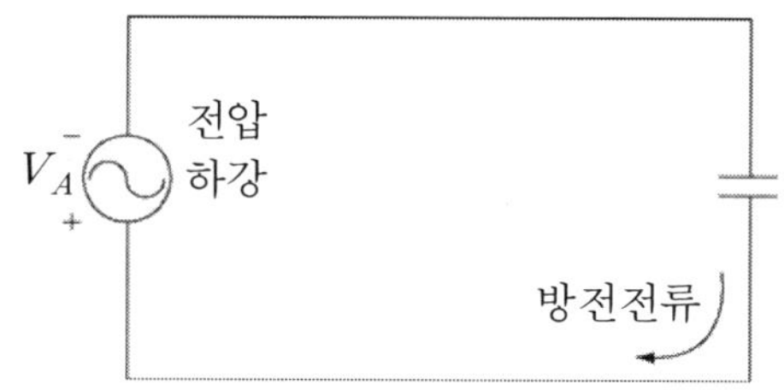

예제 10-9

100nF 캐패시터 양단의 전압이 2μs 동안에 12 V 증가했다면 용량성 전류 i_C는 얼마인가?

풀이 $i_C = C\frac{dv}{dt} = 100 \times 10^{-9} \times \frac{12}{2 \times 10^{-6}} = 600 \times 10^{-3} = 600mA$

▣ 직렬회로

캐패시터와 저항을 직렬로 연결한 그림 10-16과 같은 용량성회로를 분석해 보자.

[그림 10-16] 직렬 용량성회로

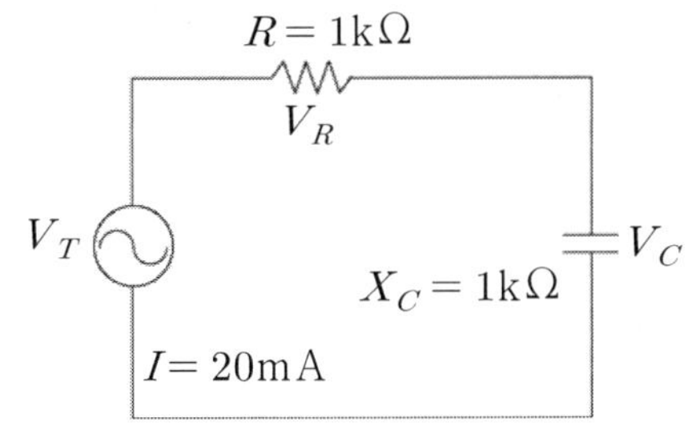

[그림 10-17] 전류와 전압의 페이저도

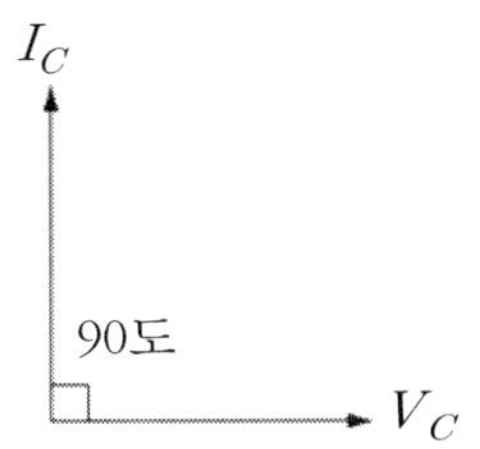

이 회로는 직렬회로이므로 회로 내의 어느 지점에서나 전류가 동일하다. 이 회로에서는 동일하게 20mA가 흐른다. 저항과 인덕터에 걸리는 전압을 각각 구해보면

$$V_R = IR = 20 \times 10^{-3} \times 1 \times 10^3 = 20\,V$$

$$V_C = IX_C = 20 \times 10^{-3} \times 1 \times 10^3 = 20\,V$$

두 전압의 크기는 동일하다. 두 전압의 위상을 살려보면 저항은 위상 변화를 일으키지 아니하므로 저항에 걸리는 전압이나 저항을 통해 흐르는 전류 사이의 위상 차이는 0도이다. 그러나 인덕터 양단의 전압과 인덕터를 흐르는 전류 사이의 위상차는 90도로써 **그림** 10-17과 같이 전

류가 전압보다 90도 앞선다. 이 회로가 직렬회로이므로 어느 곳에서나 값이 동일한 전류를 기준으로 한다면 캐패시터 양단에 걸리는 전압이 이 회로의 전류보다 90도 늦다. 이 회로에 흐르는 전류의 위상과 저항에 걸리는 전압의 위상이 동일하므로 저항 양단의 전압을 기준으로 그림 10−18과 같이 페이저도를 그릴 수 있다. 여기서 합성전압 V_T는 두 전압의 벡터합으로 구해진다.

[그림 10−18] 저항 및 리액턴스 페이저도

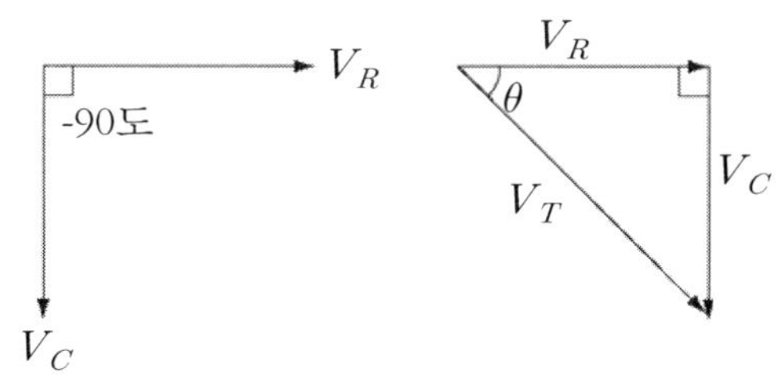

[그림 10−19] 저항 및 리액턴스 페이저도

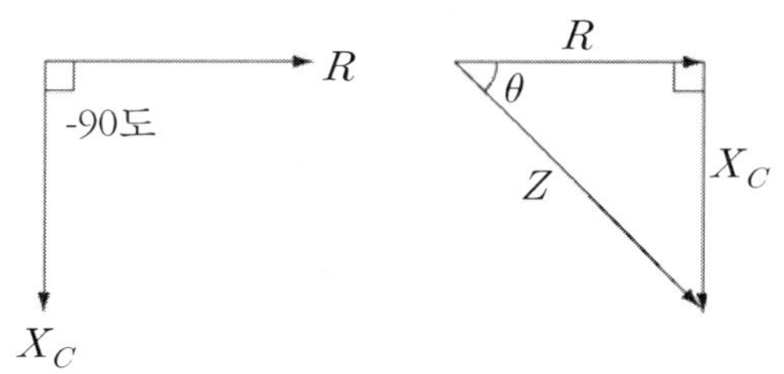

$$V_T = \sqrt{V_R^2 + V_C^2} = \sqrt{20^2 + 20^2} = \sqrt{400 + 400}$$
$$= \sqrt{400 \times 2} = 20\sqrt{2} = 28\,V$$

두 전압 사이의 위상차는

$$\theta = \tan^{-1}(-\frac{V_C}{V_R}) = \tan^{-1}(-\frac{20}{20}) = -45°$$

오옴의 법칙에 따라 $V = IR$, $V = IX_C$ 이므로 이 식에서 양쪽 식에 동일한 값으로 존재하는 전류 I를 제거하면 그림 10-18을 그림 10-19과 같이 저항 및 용량성 리액턴스에 관한 페이저도로 바꿀 수 있다. 임피던스 Z 는

$$Z = \sqrt{R^2 + X_C^2} = \sqrt{1000^2 + 1000^2} = \sqrt{1000^2 \times 2}$$
$$= 1000\sqrt{2} = 1414\Omega$$

임피던스의 위상각은

$$\theta = \tan^{-1}(-\frac{X_C}{R}) = \tan^{-1}(-\frac{1000}{1000}) = -45°$$

예제 10-10

exemple

100Ω 저항과 173Ω 용량성 리액턴스가 직렬로 연결된 회로의 임피던스는 얼마인가? 이 회로의 위상각은?

✔풀이 $Z = \sqrt{R^2 + X_C^2} = \sqrt{100^2 + 173^2} = 200\Omega$

$$\theta = \tan^{-1}(-\frac{X_C}{R}) = \tan^{-1}(-\frac{173}{100}) = -60°$$

예제 10-11

exemple

저항과 용량성 리액턴스의 직렬회로에서 저항에 30 V, 용량성 리액턴스에 40 V가 걸렸다. 이 회로의 전체전압 V_T는 얼마인가? 이 회로의 위상각은?

✔풀이 $V_T = \sqrt{V_R^2 + V_C^2} = \sqrt{30^2 + 40^2} = \sqrt{2500} = 50\,V$

$$\theta = \tan^{-1}(-\frac{V_C}{V_R}) = \tan^{-1}(-\frac{40}{30}) = -53°$$

▣ 병렬회로

용량성 리액턴스 X_C와 저항 R이 그림 10-20과 같이 병렬로 연결된 회로를 해석해보자. 이 회로는 병렬회로이므로 각 지로의 전압은 동일하다.

저항으로 흐르는 전류는 전압과 같은 위상이지만 캐패시터로 흐르는 전류는 전압보다 위상이 90도 먼저 나타난다. 따라서 두 전류의 합은 벡터합으로 구해진다.

[그림 10-20] R과 X_C의 병렬회로

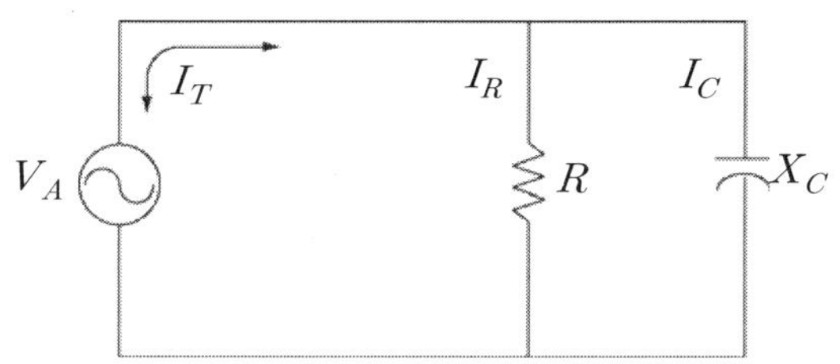

그림 10-21에서 전류 I_T는

$$I_T = \sqrt{I_R^2 + I_C^2} \tag{10-8}$$

I_T의 위상은

$$\theta = \tan^{-1}(\frac{I_C}{I_R}) \tag{10-9}$$

예제 10-12

exemple

캐패시터와 저항이 병렬로 연결된 회로에서 캐패시터에 흐르는 전류 I_C가 100mA, 저항에 흐르는 전류 I_R이 173mA일 때 전체전류 I_T의 크기와 위상각을 구하라.

✔풀이 $I_T = \sqrt{I_R^2 + I_C^2} = \sqrt{173^2 + 100^2} = 200mA$

$$\theta = \tan^{-1}(\frac{I_C}{I_R}) = \tan^{-1}(\frac{100}{173}) = 30°$$

[그림 10-21] 병렬회로의 전류 페이저도

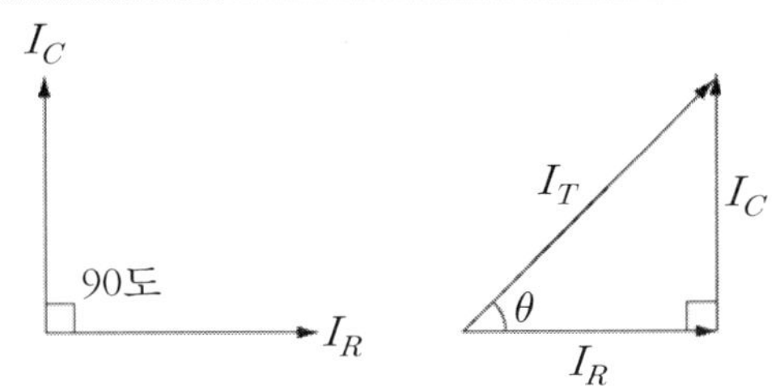

CHAPTER 11 시상수

CHAPTER 11

그림 11－1의 왼쪽에 있는 회로와 같이 저항만으로 이루어진 회로에서는 스위치를 넣자 마자 오른쪽 그림처럼 즉시 회로에 전류가 흐른다.

그러나 인덕터 회로에서는 인덕터의 유도전압이 전류의 변화를 방해하기 때문에 즉시 전류가 흐르기 어렵다. 캐패시터가 있는 회로에서는 캐패시터에 전하가 들어가야 전압이 변하므로 전압이 즉시 바뀌지 않는다.

[그림 11－1] 저항회로의 응답 특성

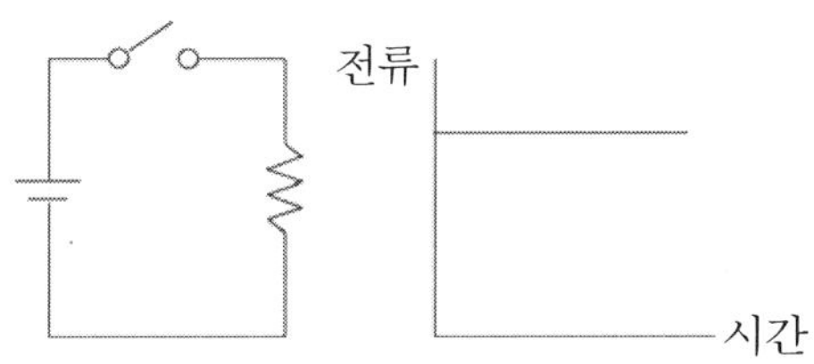

11-1 L/R 시상수

저항 R과 인덕턴스 L의 인덕터가 직렬로 연결된 그림 11－2와 같은 회로를 생각해보자. 이 회로에서 스위치를 닫으면 인덕터 양단에 전류가 흐르지 않다가 갑자기 전류가 흐르게 된다. 인덕터 양단의 유도전압 $V_L = L\frac{di}{dt}$이므로 갑작스런 전류의 변화에 대응되는 큰 유도전압이 걸리게 되고 이것은 유도전압을 일으키는 전류의 증가를 막기 위해 전류와 반대방향으로 유도전류가 흐르게 된다. 그래서 이 회로의 전류는 그림 11－1처럼 즉시 변화하지 않고 **그림** 11－3처럼 서서히 증가하게 된다. 그러다가 계속 증가해 전류의 세기 $I=\frac{V_A}{R}$가 되면 더 이상 증가할 수 없으므로 일정한 전류가 흐르게 된다. 이 상태를 정상상태라고 하며 더 이상 전류의 변화는 없다. 이 회로에서 전원이 직류이므로 인

[그림 11－2] RL 직렬회로

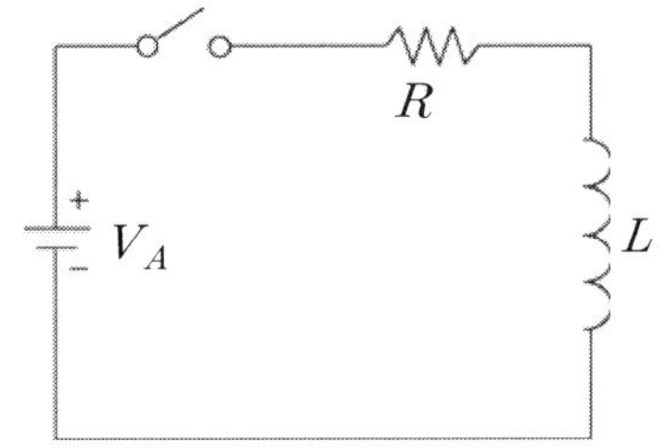

[그림 11－3] RL 회로의 과도응답

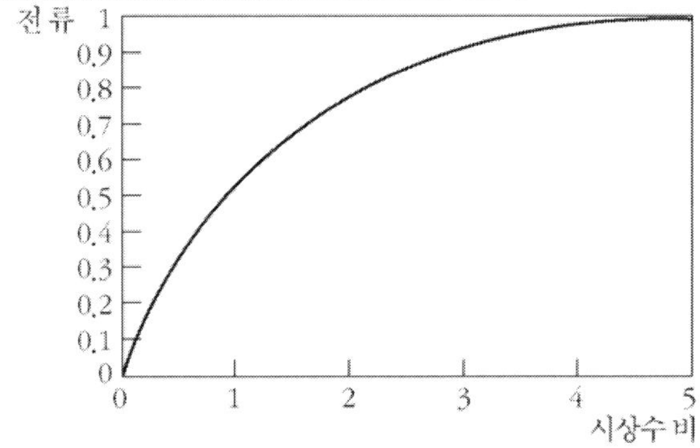

덕터의 유도성 리액턴스는 0이 되고 이 회로는 저항만으로 이루어진 회로와 동일한 전류가 흐르게 된다. 정상 상태로 가기 전의 상태를 과도상태라고 하고 이 때의 전압 및 전류 변화를 과도응답이라고 한다.

정상상태로 가는데 걸리는 시간은 시상수의 5배 정도의 시간이 필요하다. 여기서 시상수란 최대전류의 63%의 전류가 흐르는데 걸리는 시간을 의미한다. **그림 11-3**에 시간이 시상수의 5배가 될 때까지의 전류 변화를 기록해 놓았다. 수평축은 시상수의 비율로서 시상수의 1, 2, 3, 4, 5 는 시상수의 1배, 2배, 3배, 4배, 5배 시간을 의미한다. 수직축은 전류의 세기로 최대값의 0.1배, 0.2배,⋯,1배를 의미한다. 실험적으로 얻을 수 있는 RL회로의 과도응답을 수학식으로 나타내면 지수함수를 이용하여 표현할 수 있다.

$$i(t) = I_m(1 - e^{-\frac{R}{L}t}) \qquad (11-1)$$

I_m은 최대전류이고 **그림 11-2** 회로에서 최대전류는 $I_m = \frac{V_A}{R}$이다.

이 식에서 시간 $t = \frac{L}{R}$일 때 식 11-1을 계산하면

$$i(\frac{L}{R}) = I_m(1 - e^{-1}) = 0.63I_m$$

따라서 시간 $t = \frac{L}{R}$을 시상수라고 하고 이 시상수를 관찰함으로써 정상 상태까지 걸리는 시간을 추정할 수 있다. 정상 상태까지는 시상수의 약 5배의 시간이 필요하다.

CHAPTER 11

예제 11-1

$V_A=10\,V$, $15mH$ 인덕터와 $3k\Omega$ 저항이 직렬 연결된 회로의 시상수를 구하고 $t=10\mu s$일 때 인덕터에 흐르는 전류를 구하라.

풀이 $t=\dfrac{L}{R}=\dfrac{15\times10^{-3}}{3\times10^{3}}=5\times10^{-6}s=5\mu s$

$$i(t)=I_m(1-e^{-\frac{R}{L}t})=\frac{V_A}{R}(1-e^{-\frac{t}{5\mu s}})=\frac{10}{3000}(1-e^{-\frac{10\mu s}{5\mu s}})$$

$$=2.9mA$$

11-2 RC 시상수

[그림 11-4] RC 직렬회로

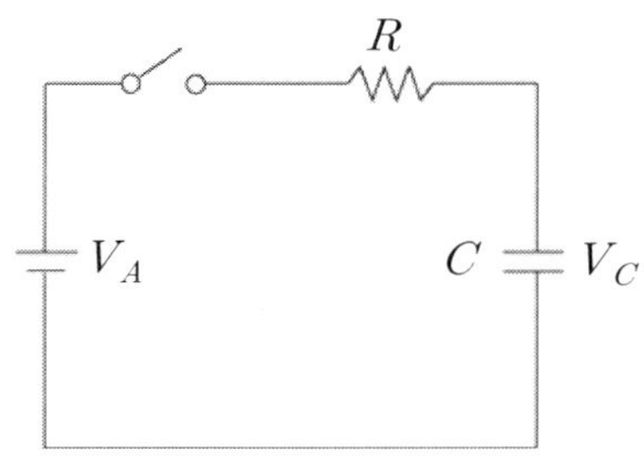

그림 11-4와 같은 RC 직렬회로에서 스위치를 닫기 전에는 V_C가 0V인데 스위치를 닫으면 캐패시터에 충전전류가 흐르게 되고 일정한 시간이 지나면 충전이 완료된다. 충전 완료되면 더 이상 전류가 흐르지 않고 캐패시터 양단에 걸리는 전압 V_C는 인가전압 V_A와 같아진다.

[그림 11-5] RC 충전 곡선

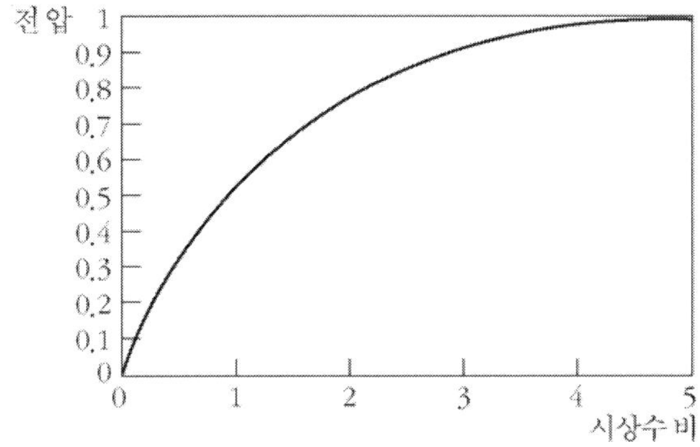

캐패시터의 충전전압 그래프는 **그림** 11－5와 같다. 앞에서 본 그래프와 마찬가지로 수평축은 시상수 비를 나타내나 수직 축은 충전전압을 나타낸다. 이 그래프를 수식으로 나타내면

$$v_C(t) = V_A(1 - e^{-\frac{1}{RC}t}) \qquad (11-2)$$

이 식에서 $t = RC$ 일 때

$$v_C(RC) = V_A(1 - e^{-1}) = 0.63\,V_A$$

인가 전압의 63%가 되는 시간 RC를 시상수라 하고 시상수의 약 5배 정도되는 시간이면 충전이 거의 완료된다. 시상수를 알면 충전이 빨리 진행될 것인지 느리게 진행될 것인지 추정할 수 있다.

캐패시터의 방전 그래프는 **그림** 11－6과 같다. 이 그래프에서 시상수는 최대값에서 63% 하락해서 최대값의 37%가 되는 시각이다. 충전과 방전시의 시상수는 동일하다. 시상수의 5배 가량 되는 시각은 방전이 거의 완료되는 시점이다.

[그림 11-6] RC 방전 곡선

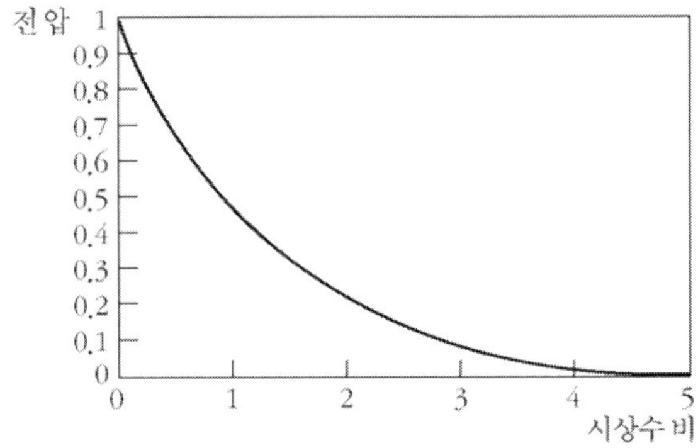

예제 11-2

10$M\Omega$ 저항과 470nF의 캐패시터가 직렬로 연결된 회로의 시상수는 얼마인가?

✔풀이 $t = RC = 10 \times 10^6 \times 470 \times 10^{-9} = 4.7s$

예제 11-3

10$M\Omega$ 저항과 470nF의 캐패시터가 직렬로 연결된 회로에 직류 100 V 전압원이 인가되었다. 스위치를 넣고 4.7초 후의 캐패시터 전압은 얼마인가?

✔풀이 4.7초면 시상수와 같은 시각이다. 시상수에서 캐패시터 전압은 최대값의 63%가 되므로 63V이다.

캐패시터의 충방전을 카메라 플래시에 응용하는 예를 들어보자. 그림 11-7과 같은 회로에서 스위치가 a에 연결되면 저항 R을 통해 캐패시터에 충전된다. 이 때 시상수는

[그림 11-7] 카메라 플래시 회로 응용

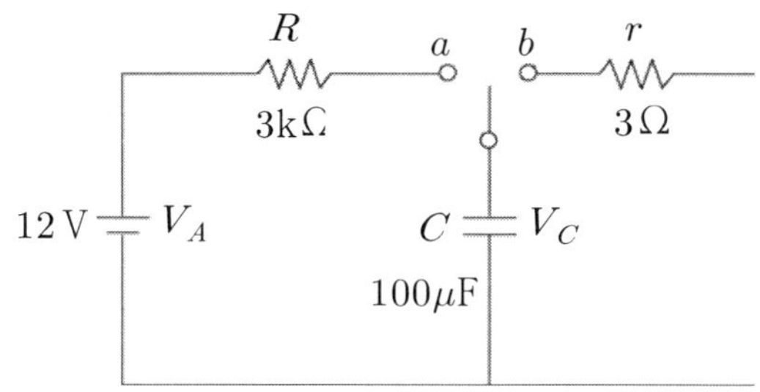

$$t_1 = RC = 3 \times 10^3 \times 100 \times 10^{-6} = 3s$$

시상수가 3초이므로 충전하는데 걸리는 시간은 3초의 다섯배인 15초가량 걸리고 충전이 완료되면 캐패시터 양단 전압 V_C는 12V가 된다.

스위치를 b 쪽으로 젖혀 보자. 저항 r은 전구이다. 이 회로의 시상수는

$$t_2 = rC = 3 \times 100 \times 10^{-6} = 300\mu s = 0.3ms$$

완전히 방전하는데 걸리는 시간은 1.5ms 밖에 되지 않는다. 방전 순간 흐르는 전류를 계산해보자.

캐패시터에 충전되어 있는 전압은 12V이므로 저항 3Ω에 12V 전원이 연결된 것과 같다. 따라서 방전을 시작하는 순간에 흐르는 전류는

$$i(0) = \frac{V_C}{r} = \frac{12}{3} = 4A$$

카메라의 배터리 전원을 직접 이용하면 이런 대전류를 얻을 수 없다. 따라서 캐패시터를 충전한 후 충전된 전하를 한꺼번에 흘려보내는 이런 방식을 채택하면 배터리를 이용해서도 대전류를 흘려줄 수 있고 카메라 플래시의 섬광을 얻을 수 있다.

CHAPTER

12 공 진

대표적인 수동소자인 저항, 인덕터, 캐패시터가 모두 들어 있는 회로를 해석해보자. 이런 회로를 RLC 회로라고 하는데 RLC 직렬회로, RLC 병렬회로, RLC 직병렬회로 등이 구성될 수 있다. 우리는 RLC 직렬회로, RLC 병렬회로까지 해석해 보기로 한다.

인덕턴스와 캐패시턴스를 다 가지고 있는 회로는 공진 현상을 나타낸다. 인덕턴스와 캐패시턴스는 모두 위상차를 발생시키는데 이것이 전류 또는 전압에 대해 90도의 위상차를 발생시키고 하나는 +90도, 하나는 −90도의 위상차를 일으키므로 결국 인덕턴스와 캐패시턴스 사이에서는 180도의 위상차가 나게 된다. 180도의 위상차의 페이저도을 그려보면 서로 반대 방향을 의미한다. 서로 반대 방향이면 크기를 상쇄시킬 수 있다. 그리고 유도성 리액턴스와 용량성 리액턴스의 크기가 같다면 서로 상쇄되어 리액턴스가 0이 되는 경우가 발생한다. 리액턴스가 0이 되어 순수 저항값만 존재하는 회로 상태를 공진이라고 한다.

공진은 우리 생활 주변에서 흔히 목격되는데 좋아하는 방송을 선택하기 위해 다이얼을 돌려서 특정한 방송의 주파수에 맞추면 공진 현상이 발생한 것이다. 이 때 사용된 회로가 공진회로이며 이것은 텔레비전, 무전기, 휴대폰 등 우리가 흔히 볼 수 있는 통신 및 가전기기에서 관찰할 수 있다.

12-1 RLC 직렬회로

그림 12－1과 같은 RLC 직렬회로에는 우리가 배운 수동소자 저항, 인덕터, 캐패시터가 모두 포함되어 있다. 직렬회로에서는 어느 곳에서나 전류가 동일하므로 전류를 기준으로 하면 인덕터에 걸리는 전압은 90도 앞서고 캐패시터에 걸리는 전압은 90도 뒤진다. 전압은 $V_L = IX_L$, $V_C = IX_C$ 이므로 두 전압에서 전류 I는 동일하므로 결국 X_L이 90도 앞서고 X_C는 90도 뒤진다는 계산이 된다. 따라서 유도성 리액턴스와 용량성 리액턴스를 합성해서 총 리액턴스를 구하면

$$X = |X_L - X_C| \qquad (12-1)$$

이 값이 0이면 공진이고 X_L이 X_C 보다 크면 유도성, X_C가 더크면 용량성 회로가 된다. 임피던스를 구하면

$$Z = \sqrt{R^2 + (X_L - X_C)^2} \qquad (12-2)$$

위상은

$$\theta = \tan^{-1}\left(\frac{X}{R}\right) \qquad (12-3)$$

[그림 12－1] RLC 직렬회로

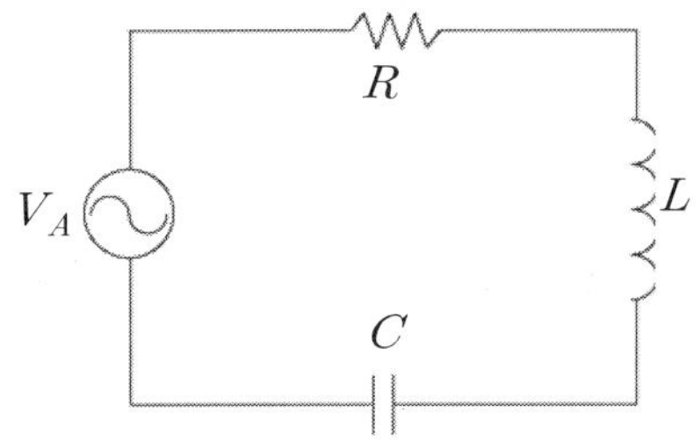

[그림 12-2] $X_L - X_C = 0$ 일 때의 페이저도

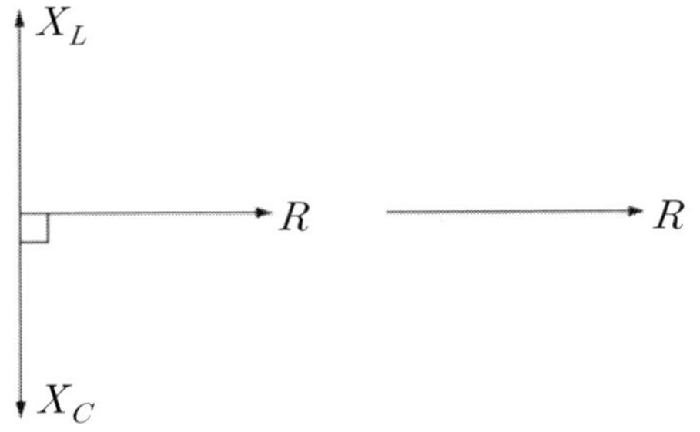

$X_L = X_C$ 이면 공진이고 이 때 임피던스 $Z = R$이 되고 위상 $\theta = 0°$가 되어 순수 저항성 회로의 특성을 나타낸다. $X_L - X_C$가 $-$이면 용량성이므로 식 12-3에서 구한 값에 $-$를 붙여야 한다. $X_L - X_C = 0$인 경우의 페이저도와 합성된 페이저도가 그림 12-2에, $X_L - X_C > 0$인 경우는 그림 12-3에, $X_L - X_C < 0$인 경우는 그림 12-4에 나타나 있다.

[그림 12-3] $X_L - X_C > 0$ 일 때의 페이저도

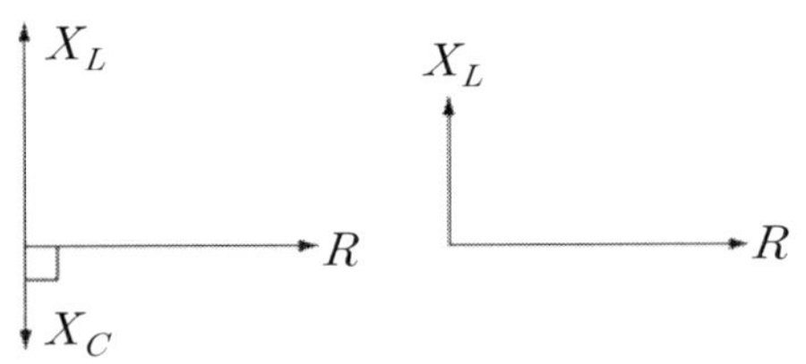

예제 12-1 exemple

그림 12-1에서 $R = 173\Omega$ $X_L = 200\Omega$, $X_C = 100\Omega$ 일 때 이 회로의 임피던스와 위상을 구하라.

✔풀이 $Z = \sqrt{R^2 + (X_L - X_C)^2} = \sqrt{173^2 + (200-100)^2} = 200\Omega$

$$\theta = \tan^{-1}(\frac{X}{R}) = \tan^{-1}(\frac{100}{173}) = 30^\circ$$

[그림 12-4] $X_L - X_C < 0$ 일 때의 페이저도

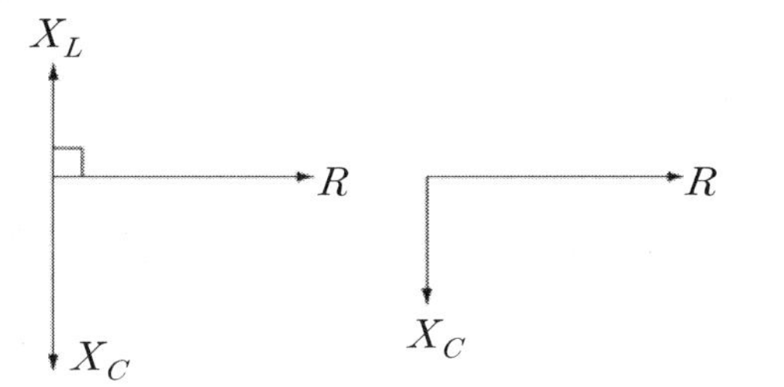

예제 1-2

그림 12-1과 같은 RLC 직렬회로에서 $R = 4.7k\Omega$, $L = 15mH$, $C = 470pF$ 이고 전원의 주파수 $f = 100kHz$ 일 때 이 회로의 임피던스와 위상을 구하라.

✔풀이 먼저 유도성 리액턴스와 용량성 리액턴스를 구하면

$$X_L = 2\pi f L = 2\pi \times 100 \times 10^3 \times 15 \times 10^{-3} = 9.42k\Omega$$

$$X_C = \frac{1}{2\pi f C} = \frac{1}{2\pi \times 100 \times 10^3 \times 470 \times 10^{-12}} = 3.39k\Omega$$

이로부터 합성 리액턴스 X를 구하면

$$X = |X_L - X_C| = |9.42k\Omega - 3.39k\Omega| = 6.03k\Omega$$

저항과 리액턴스로부터 임피던스를 구할 수 있다.

$$Z = \sqrt{R^2 + X^2} = \sqrt{(4.7 \times 10^3)^2 + (6.03 \times 10^3)^2}$$
$$= 7.65 \times 10^3 = 7.65k\Omega$$

위상각은

$$\theta = \tan^{-1}(\frac{X}{R}) = \tan^{-1}(\frac{6.03}{4.7}) = 52.1^\circ$$

예제 12-3

예제 12-2에서 전원의 주파수가 50kHz 일 때 임피던스와 위상을 구하라.

풀이 먼저 유도성 리액턴스와 용량성 리액턴스를 구하면

$$X_L = 2\pi f L = 2\pi \times 50 \times 10^3 \times 15 \times 10^{-3} = 4.71k\Omega$$

$$X_C = \frac{1}{2\pi f C} = \frac{1}{2\pi \times 50 \times 10^3 \times 470 \times 10^{-12}} = 6.77k\Omega$$

이로부터 합성 리액턴스 X를 구하면

$$X = |X_L - X_C| = |4.71k\Omega - 6.77k\Omega| = 2.06k\Omega$$

저항과 리액턴스로부터 임피던스를 구할 수 있다.

$$Z = \sqrt{R^2 + X^2} = \sqrt{(4.7 \times 10^3)^2 + (2.06 \times 10^3)^2}$$
$$= 5.13 \times 10^3 = 5.13k\Omega$$

위상각은 $X_L - X_C < 0$ 이므로 $-$가 된다.

$$\theta = \tan^{-1}(\frac{X}{R}) = \tan^{-1}(-\frac{2.06}{4.7}) = -23.7^\circ$$

12-2 RLC 직렬공진회로

RLC 직렬회로에서 공진이 발생할 조건은 리액턴스 성분이 0이 되는 것이다. 유도성 리액턴스오 용량성 리액턴스의 크기가 같을 경우 임피던스를 구해보면

$$X = \sqrt{R^2 + (X_L - X_C)^2} = R$$

순수 저항성회로로 바뀐다. 공진시에는 $X_L = X_C$ 이므로

$$2\pi f L = \frac{1}{2\pi f C}$$

이 식을 주파수 f에 대해 정리하면

$$f = \frac{1}{2\pi\sqrt{LC}} \qquad (12-4)$$

RLC 직렬회로에서 공진이 발생하기 위한 조건이다.

예제 12-4 exemple

그림 12-5와 같은 회로가 있다. 이 회로의 공진주파수를 구하라.

[그림 12-5] RLC 직렬회로

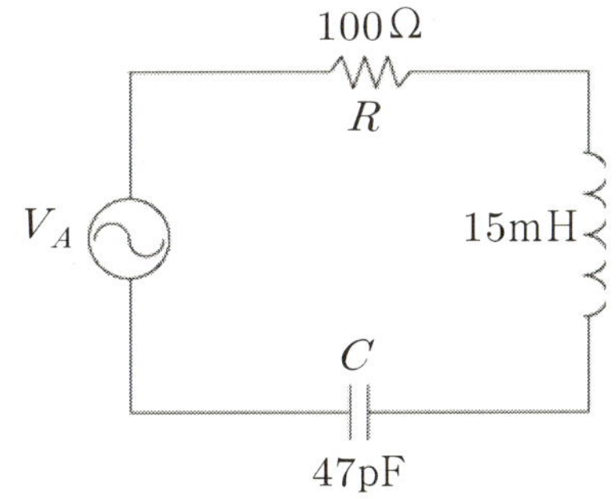

CHAPTER 12

풀이 공진주파수 f_r은 유도성 리액턴스와 용량성 리액턴스의 크기가 같아질 때의 주파수이다.

$$f_r = \frac{1}{2\pi\sqrt{LC}} = \frac{1}{2\pi\sqrt{15\times10^{-3}\times47\times10^{-12}}}$$
$$= 189.55kHz$$

예제 12-5

그림 12-6 회로에서 전원의 주파수가 189.55kHz일 때 이 회로에 흐르는 전류의 세기를 구하라.

[그림 12-6] 공진회로

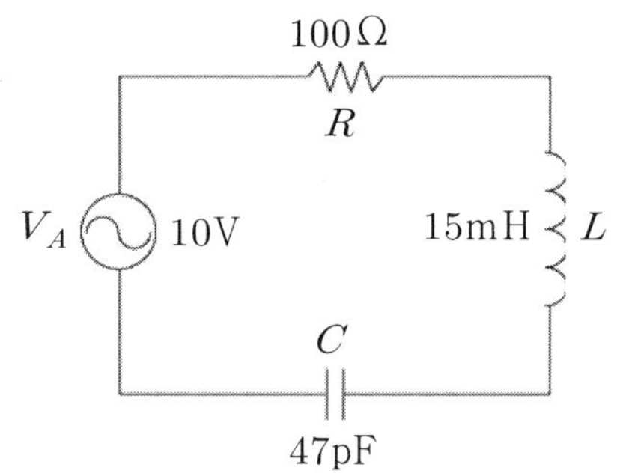

풀이 이 회로의 공진 주파수를 계산하면

$$f_r = \frac{1}{2\pi\sqrt{LC}} = \frac{1}{2\pi\sqrt{15\times10^{-3}\times47\times10^{-12}}} = 189.55kHz$$

이 회로의 공진주파수가 전원의 주파수와 일치하므로 공진회로이다.
공진시의 임피던스 $Z = R$이므로 이 회로의 임피던스는 100Ω이다.

$$I = \frac{V}{Z} = \frac{V}{R} = \frac{10}{100} = 0.1A = 100mA$$

예제 12-6 exemple

그림 12-6 회로에서 전원의 주파수가 180kHz 일 때 이 회로에 흐르는 전류를 구하라.

CHAPTER 12

풀이 $X_L = 2\pi fL = 2\pi \times 180 \times 10^3 \times 15 \times 10^{-3} = 16.96k\Omega$

$$X_C = \frac{1}{2\pi fC} = \frac{1}{2\pi \times 180 \times 10^3 \times 47 \times 10^{-12}} = 18.81k\Omega$$

이로부터 합성 리액턴스 X를 구하면 용량성 리액턴스 임을 알 수 있다.

$$X = |X_L - X_C| = |16.96k\Omega - 18.81k\Omega| = 1.85k\Omega$$

저항과 리액턴스로부터 임피던스를 구할 수 있다.

$$Z = \sqrt{R^2 + X^2} = \sqrt{(100)^2 + (1.85 \times 10^3)^2}$$
$$= 1.85k\Omega$$

계산결과 임피던스는 리액턴스 값하고 같은 값이 나온다. 그 이유는 저항의 값이 리액턴스에 비해 너무 작아서 90도 차이가 나는 저항과 리액턴스 두 벡터를 합성하더라도 저항값이 임피던스에 끼치는 영향이 미미하기 때문이다. 대개 임피던스 계산할 때 한 쪽의 값이 다른 쪽의 10배 이상이면 작은 쪽 값을 무시해도 결과에 거의 영향을 미치지 않는다.

$$I = \frac{V}{Z} = \frac{10}{1850} = 5.41mA$$

예제 12-7 exemple

그림 12-6 회로에서 전원의 주파수가 200kHz 일 때 이 회로에 흐르는 전류를 구하라.

✔풀이 $X_L = 2\pi fL = 2\pi \times 200 \times 10^3 \times 15 \times 10^{-3} = 18.85k\Omega$

$$X_C = \frac{1}{2\pi fC} = \frac{1}{2\pi \times 200 \times 10^3 \times 47 \times 10^{-12}} = 16.93k\Omega$$

이로부터 합성 리액턴스 X를 구하면 용량성 리액턴스 임을 알 수 있다.

$$X = |X_L - X_C| = |18.85k\Omega - 16.93k\Omega| = 1.92k\Omega$$

저항과 리액턴스로부터 임피던스를 구할 수 있다.
저항값이 리액턴스보다 훨씬 작으므로

$$Z \cong 1.92k\Omega$$

$$I = \frac{V}{Z} = \frac{10}{1920} = 5.21mA$$

예제 12−5와 예제 12−6, 예제 12−7에 계산에서 보듯 공진주파수 189.55kHz에서 약 10kHz만 벗어나도 전류의 세기가 거의 20배 가량 차이가 나게 된다. 우리가 라디오를 듣기 위해 방송국 주파수에 맞출 때 방송국 주파수에서 조금만 벗어나도 들을 수 없는 이유가 여기에 있다.

예제 12-8

exemple

예제 12-5의 공진회로에서 키르히호프의 전압법칙이 성립함을 증명하여라.

✔풀이 예제 12−5는 공진회로이며 공진이 발생했을 때 흐르는 전류 $I = 100mA$이다. 저항과 유도성 리액턴스 용량성 리액턴스에 걸리는 전압을 오옴의 법칙을 이용해 계산해보면

$$X_L = 2\pi fL = 2\pi \times 189.55 \times 10^3 \times 15 \times 10^{-3} = 17.86k\Omega$$

$$X_C = \frac{1}{2\pi f C} = \frac{1}{2\pi \times 189.55 \times 10^3 \times 47 \times 10^{-12}} = 17.86 k\Omega$$

$$V_R = IR = 0.1 \times 100 = 10\,V$$

$$V_L = IX_L = 0.1 \times 1786 = 178.6\,V$$

$$V_C = IX_C = 0.1 \times 1786 = 178.6\,V$$

X_L과 X_C의 위상이 180도 차이 나므로 V_L과 V_C도 180도 차이가 난다. 그리고 저항에 걸리는 전압과 리액턴스에 걸리는 전압 사이에 90도의 위상차가 존재하므로 전압을 더할 때는 산술적 합이 아니라 벡터합을 하여야 한다. 따라서 키프히흐프의 전압법칙을 적용하면

$$V_A^2 = V_R^2 + (V_L - V_C)^2 = 10^2 + (178.6 - 178.6)^2 = 100$$

$$V_A = 10\,V$$

키르히호프의 법칙이 성립된다.

V_R과 V_L, V_C를 산술적으로 더해 버리면 상당히 큰 값이 나오므로 당황하게 되지만 RLC 교류회로에서는 위상차 때문에 항상 벡터합을 하여야 한다.

12-3 RLC 병렬회로

그림 12−7과 같이 저항과 인덕터, 캐패시터가 병렬로 연결된 회로를 RLC 병렬회로라고 한다. 이것은 병렬회로이므로 각 지로에 걸리는

[그림 12-7] RLC 병렬회로

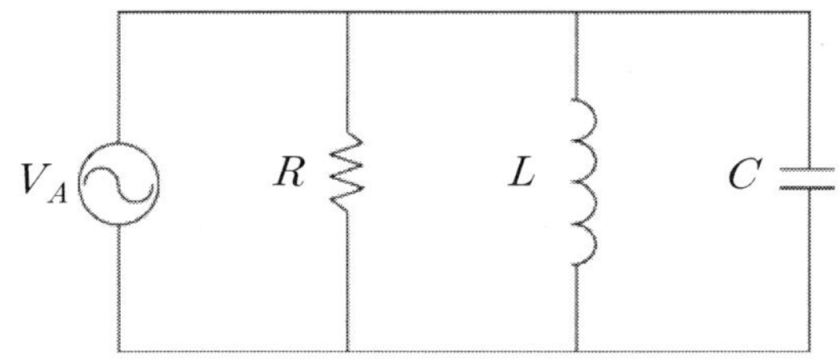

전압의 크기가 동일하다. 전압을 기준으로 하면 인덕터에 흐르는 전류는 전압보다 90도 늦고 캐패시터에 흐르는 전류는 전압보다 90도 빠르다. 따라서 각 지로 전류는 I_R, I_L, I_C라고 할 때 전체 전류는 각 전류의 벡터합으로 구할 수 있다.

$$I_T = \sqrt{I_R^2 + (I_C - I_L)^2} \qquad (12-5)$$

오옴이 법칙에 따라 이 회로의 임피던스는

$$Z = \frac{V_A}{I_T}$$

이 회로의 위상은 전체전류의 위상

$$\theta_I = \tan^{-1}\left(\frac{I_C - I_L}{I_R}\right) \qquad (12-10)$$

을 구한 다음에 다음 식과 같이 구할 수 있다.

$$\theta_Z = -\theta_I \qquad (12-11)$$

예제 12-9

exemple

RLC 병렬회로에서 전압원 $V_A = 12\,V$, $R = 3k\Omega$, $X_L = 2.4k\Omega$, $X_C = 5k\Omega$ 일 때 이 회로의 임피던스를 구하라.

CHAPTER 12

풀이 먼저 각 지로의 전류를 구하면

$$I_R = \frac{V_A}{R} = \frac{12}{3000} = 4mA$$

$$I_L = \frac{V_A}{X_L} = \frac{12}{2400} = 5mA$$

$$I_C = \frac{V_A}{X_C} = \frac{10}{5000} = 2mA$$

전체전류의 세기는

$$I_T = \sqrt{I_R^2 + (I_C - I_L)^2} \equiv \sqrt{4^2 + (2-5)^2}\,mA = 5mA$$

전류의 위상각

$$\theta_I = \tan^{-1}\left(\frac{I_C - I_L}{I_R}\right) = \tan^{-1}\left(\frac{2-5}{4}\right) = \tan^{-1}\left(\frac{-3}{4}\right) = -37^\circ$$

이 회로의 임피던스는

$$Z = \frac{V_A}{I} = \frac{10}{5 \times 10^{-3}} = 2k\Omega$$

임피던스의 위상각은

$$\theta_Z = -\theta_I = 37^\circ$$

12-4 병렬공진회로

그림 12−8은 이상적인 병렬공진회로를 나타낸다. 인덕터에 흐르는 전류 I_L과 캐패시터에 흐르는 전류 I_C는 전압 V_A에 대해 각각 90도 늦고 90도 빠르기 때문에 둘 사이는 180도이 차이가 나서 그림과 같이 한쪽 전류가 위로 흐르면 다른 지로전류는 아래쪽으로 흐르고 그 반대도 마찬가지다. 이 회로에서 두 지로의 리액턴스가 같다면 같은 크기의 전류가 흐르고 결국 전체전류 I_T는 0이 된다.

[그림 12−8] 직병렬공진회로

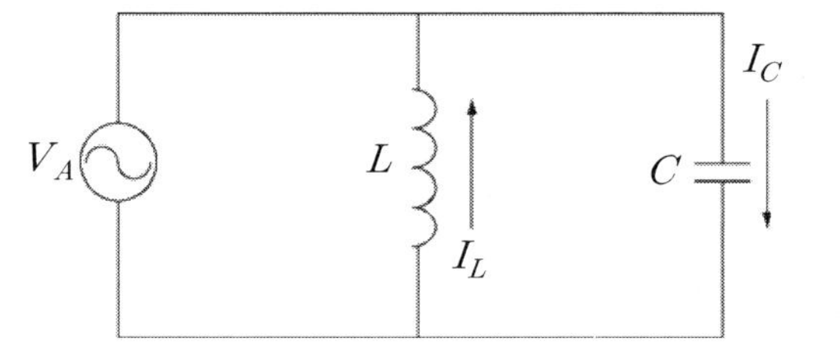

병렬공진회로에서 공진이 발생하면 전류는 최소로 되고 이것은 임피던스가 최대가 됨을 의미한다. 그리고 유도성 리액턴스와 용량성 리액턴스의 크기가 동일한 값을 가진다.

$$X_L = X_C$$

그렇다면 직렬공진회로와 마찬가지로 공진주파수는

$$f_r = \frac{1}{2\pi\sqrt{LC}}$$

▣ 탱크회로

탱크회로는 병렬공진회로의 다른 이름이다. 인덕터에서는 자계, 캐패시터에서는 전계의 형태로 에너지를 저장하는데 병렬공진회로에 저장된 에너지는 반사이클마다 번갈아 가면서 캐패시터와 인덕터 사이를 왕복한다. 처음에 인덕터에 에너지가 저장되어 있었다면 이 에너지는 반사이클 동안 인덕터로부터 빠져 나와 커페시터를 충전시킨다. 다음 반 사이클 동안에는 캐패시터에 충전된 에너지가 다시 인덕터로 전달되어 저장되는데 이 과정이 계속 번갈아 반복된다. 그래서 인덕터와 캐패시터 밖에서 보면 전류가 흐르지 않지만 탱크회로 내부에서는 전류의 흐름이 실제로 존재한다. 전계와 자계 형태로 에너지를 저장하고 있다고 해서 물이나 기름을 저장하는 탱크와 같이 탱크회로라는 이름이 붙었다.

12-5 공진회로의 Q

공진회로의 품질은 일반적으로 Q에 의해서 결정된다. 공진회로에서 리액턴스에 비해 직렬저항의 값이 상대적으로 작아지면 Q의 값도 커지고 공진효과는 더욱 커진다.

▣ 직렬회로의 Q

직렬공진회로에서 Q는 다음 식과 같이 구할 수 있다.

$$Q = \frac{X_L}{r} = \frac{2\pi f L}{r} \qquad (12-12)$$

Q는 "큐"라고 읽지만 명칭은 여러 가지다. 코일의 선택도라고 하기도 하고 감도계수, 확장계수 등으로 불리기도 한다. 그러나 일반적으로 코일의 "큐"라고 한다.

[그림 12-9] 인덕터

인덕터의 코일이므로 즉 전선을 감은 것이기 때문에 선의 길이에 따른 저항이 필연적으로 존재한다. **그림** 12-9에 있는 것처럼 실제의 인덕터는 인덕턴스와 함께 저항이 존재한다. 이 저항값과 인덕턴스의 비율에 의해 Q를 결정한다. 그런데 인덕터의 저항은 교류실효저항이라는 것이다. 우리가 보통 쓰는 저항은 회로의 주파수가 변하더라도 일정한 값을 유지하는데 공진시에 나타나는 저항은 주파수에 따라 변화한다. 따라서 저항계로 재었을 때 나오는 값과 차이가 난다. 인덕터의 인덕턴스를 증가시키기 위해서 사용되는 코어는 철심 코어 또는 페라이트 코어 등이 있는데 코일에 의해 발생된 변화하는 자장이 코어에 영향을 끼치면 코어에 발생하는 와전류, 표피효과 등에 의해서 전류의 흐름이 제한받게 되는데 이렇게 교류신호에 의해서 증가하게 되는 저항을 교류실효저항이라고 한다.

예제 12-10

코일의 리액턴스가 1000Ω이고 저항이 5Ω일 때 코일의 Q는 얼마인가?

풀이 $Q = \dfrac{X_L}{r} = \dfrac{1000}{5} = 200$

예제 12-11

코일의 인덕턴스가 15mH 이고 1kHz에서 Q가 10일 때 이 코일의 교류 실효저항은?

풀이 $Q = \dfrac{X_L}{R_e}$

따라서

$$R_e = \frac{X_L}{Q} = \frac{2\pi f L}{Q} = \frac{2\pi \times 1000 \times 15 \times 10^{-3}}{10} = 9.4\Omega$$

예제 12-12

그림 12-1과 같은 직렬공진회로에서 저항 R이 인덕터의 교류실효전압이다. 공진이 발생했을 때 인덕터 양단 전압 V_L과 캐패시터 양단 전압 V_C를 Q에 의해 표시하라.

풀이 그림 12-1과 같은 직렬공진회로에서 공진이 발생했을 때 V_L과 V_C의 크기는 서로 같고 극성이 반대이다. 따라서 이 회로에 흐르는 전류는 저항 R에 의한 전류 뿐이다.

$$I = \frac{V_A}{R}$$

인덕터 양단의 유도전압 V_L은 12-12식과 오옴의 법칙에 의해

$$V_L = IX_L = \frac{V_A}{R}X_L = V_A\frac{X_L}{R} = V_A Q$$

공진 상태이므로 $V_L = V_C$ 이다.

예제 12－12에서 구한 결과로부터 Q를 구하는 식을 산출할 수 있다. 즉 인가한 전압이 V_i이고 인덕터나 캐패시터 양단에서 측정한 전압을 V_o라고 할 때 회로의 Q는

$$Q = \frac{V_o}{V_i} \tag{12-13}$$

예제 12-13 exemple

공진주파수가 1000Hz 인 직렬공진회로에서 입력 신호로 5 V 1000 Hz 신호를 인가했을 때 인덕터 양단에서 측정한 전압이 100 V이다. 이 회로의 Q를 구하라.

✔풀이 $Q = \frac{V_o}{V_i} = \frac{100}{5} = 20$

예제 12-14 exemple

예제 12－13에서 인덕턴스가 15 mH일 때 이 회로의 교류저항을 계산하라.

✔풀이 $Q = \frac{X_L}{R_e}$ 이므로

$$R_e = \frac{X_L}{Q} = \frac{2\pi fL}{Q} = \frac{2\pi \times 10^3 \times 15 \times 10^{-3}}{20} = 4.7\Omega$$

▣ 병렬공진회로의 Q

실제 병렬공진회로는 그림12－10과 같이 나타난다.

[그림 12－10] 실제 병렬공진회로

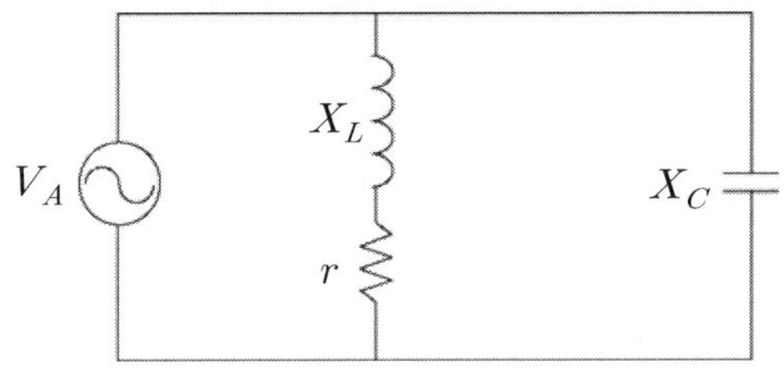

이 회로의 Q 역시 직렬회로와 마찬가지로

$$Q = \frac{X_L}{r}$$

이고 임피던스와 Q와의 관계는

$$Z = QX_L \qquad (12-14)$$

이 회로의 임피던스 Z는 유도성 리액턴스의 Q배이다. 유도성 리액턴스와 Q를 알면 공진주파수에서 임피던스를 알 수 있다.

[그림 12－11] Q 측정회로

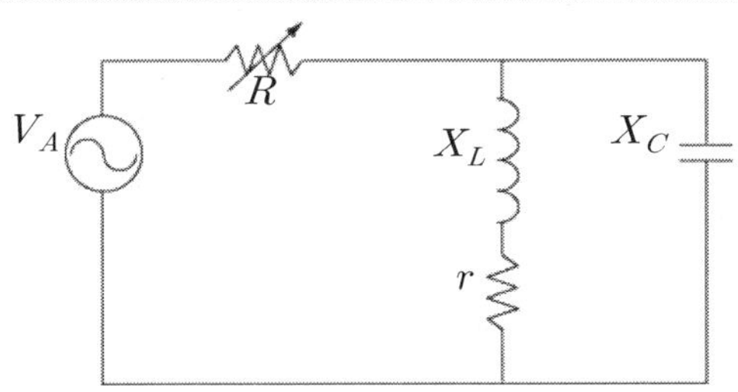

이 식을 이용해 임피던스와 유도성 리액턴스를 알면 병렬공진회로에서 Q를 알 수 있다.

그림 12－11과 같은 회로에서 입력 신호의 주파수를 공진주파수에 맞추어서 공진을 발생시킨다. 이 회로에서 공진이 발생하면 전류의 세기가 최소가 될 것이다. 공진이 발생하면 **그림** 12－11 회로의 오른쪽 부분은 저항성 회로로 바뀐다. 이제 이 회로 전체가 저항성 회로가 된다. 저항 양단에 전압계를 댄 다음에 가변저항의 저항값을 조정하여 가변저항에 걸리는 전압이 입력 신호의 절반이 되게 한 후 가변저항을 떼내어 저항계로 저항을 측정한다. 가변저항에 걸리는 전압이 입력신호의 절반이라면 가변저항의 크기와 이 저항의 오른쪽에 있는 병렬공진회로의 임피던스가 동일하므로 전압강하의 양도 동일하다.

측정된 임피던스 Z를 알고 유도성 리액턴스 X_L은 인덕턴스와 주파수를 알면 계산할 수 있으므로 이 회로의 Q는

$$Q = \frac{Z}{X_L}$$

예제 12-15

그림 12－11과 같은 회로에서 10 V 교류입력신호를 인가해서 공진되었을 때에 가변저항 양단 전압을 측정하여 5 V가 되도록 가변저항값을 조정하였다. 가변저항을 회로에서 떼어내어 재어봤더니 300$k\Omega$이 나왔다. 유도성 리액턴스가 20$k\Omega$일 때 이 회로의 Q를 구하라.

✔풀이 $Z = R = 300k\Omega$

$$Q = \frac{Z}{X_L} = \frac{300}{20} = 15$$

▣ 공진대역폭

공진회로에서 공진주파수가 인가되면 해당 회로에 공진 현상이 발생한다. 직렬공진의 경우 공진이 발생하면 최대의 전류가 흐르게 되는데 공진주파수가 아닌 주파수에서는 전류의 세기가 줄어든다.

[그림 12-12] 대역폭

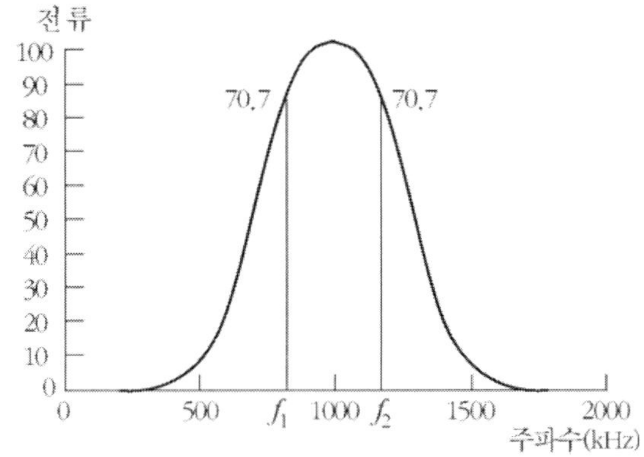

직렬 공진회로의 경우 공진주파수보다 높은 주파수가 인가되면 회로는 유도성회로가 되고 전류의 양이 줄어든다. 공진주파수보다 낮은 주파수가 인가되면 용량성회로가 되며 전류의 양도 줄어든다. 이것은 임피던스에 관한 다음 식을 보면 알 수 있다.

$$Z = \sqrt{R^2 + (X_L - X_C)^2}$$

따라서 공진주파수보다 높은 주파수가 인가되어도 전류의 세기가 약해지고 낮은 주파수가 인가되어도 전류의 세기가 약해진다. 따라서 공진주파수보다 높은 주파수, 공진주파수보다 낮은 주파수, 이렇게 공진주파수보다 높은 주파수, 공진주파수보다 낮은 주파수, 두 주파수에서 같은 전류의 세기를 보이게 된다.

그림 12-12와 같이 특별한 주파수 즉 최대전류가 흐를 때의 70.7%가 될 때의 주파수 중 공진주파수보다 낮은 주파수를 f_1이라 하고 높은 주파수를 f_2라고 했을 때 이 두 주파수를 반전력 주파수라고 한다. 반전력 주파수는 최대전력의 절반이 될 때의 주파수이다. 공진시에 저항 R에 흐르는 전류가 I라고 했을 때 최대전력은

$$P_m = I^2 R$$

이다.

$$I_h = \frac{I}{\sqrt{2}} = 0.707I \qquad (12-15)$$

일 때 전력은

$$P = I_h^2 R = \frac{1}{2} I^2 R = \frac{1}{2} P_m \qquad (12-16)$$

따라서 전류가 최대전력의 70.7%가 될 때 전력은 최대전력의 반이 된다.

반전력 주파수의 차이를 **주파수대역폭**(Bandwidth)이라고 하고 Δf로 표시한다. 주파수대역폭은 공진주파수와 Q에 의해서도 표시할 수 있다.

$$\Delta f = f_2 - f_1 = \frac{f_r}{Q} \qquad (12-17)$$

이 식에서 Q의 역할을 음미해보자.

Q가 분모에 있으므로 그림 12-13과 같이 Q가 크면 대역폭이 작아지고 Q가 커지면 대역폭이 커진다. 대역폭이 커지면 입력 신호의 주파수가 공진주파수에서 약간 증감되더라도 최대전력에 가까운 전력을 얻을 수 있지만 원하지 않는 신호에서 최대전력을 나타내게 됨으로써 회로의 민감도를 떨어뜨릴 수 있다.

[그림 12-13] 직대역폭과 Q >Q1>Q2>Q3

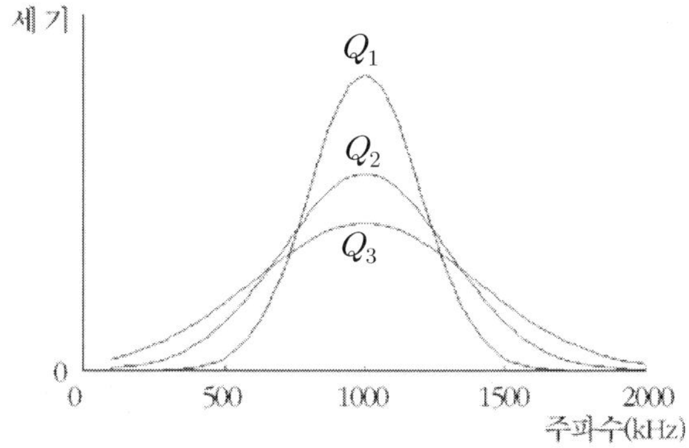

예제 12-16

공진주파수가 1000kHz인 공진회로에서 Q가 100일 때 대역폭 Δf와 반전력 주파수 f_1, f_2를 구하라.

✔풀이 $\Delta f = \dfrac{f_r}{q} = \dfrac{1000}{100} = 10kHz$

f_1은 공진주파수에서 대역폭의 반만큼 낮은 주파수이므로

$$f_1 = f_r - \frac{\Delta f}{2} = 1000 - 5 = 995kHz$$

f_2는 공진주파수에서 대역폭의 반만큼 높은 주파수이므로

$$f_2 = f_r + \frac{\Delta f}{2} = 1000 + 5 = 1005kHz$$

CHAPTER 13 필 터

필터

필터(Filter)는 여러 가지가 섞인 것 중에서 원하는 것만 가려내거나 원하지 않는 것을 걸러내는 역할을 한다. 필터 중에는 깨끗한 물을 마시게 하는 정수기가 있고 공기 중의 먼지나 입자가 큰 오염 물질은 통과시키지 않는 공기필터도 있다. 일반적으로 필터란 크기가 허용 기준치 이상인 것은 통과시키지 않고 이하인 것만 선택적으로 통과시키는 기능을 갖고 있다.

전기적인 필터는 캐패시터와 인덕터를 이용한다. 캐패시터에 의한 리액턴스 X_C는 저주파 신호에서는 증가하고 고주파 신호에서는 감소하지만 인덕터에 의한 리액턴스 X_L은 저주파 신호에서는 감소하고 고주파 신호에서는 증가하므로 두 소자를 잘 결합하면 일정한 영역의 신호에 대해서는 낮은 임피던스를 보이지만 그 영역 밖의 신호에 대해서는 높은 임피던스를 나타내어서 일정한 영역의 신호를 통과시키거나 통과시키지 않는 회로 즉 필터를 구성할 수 있다.

필터는 크게 저역통과필터, 고역통과필터, 대역통과필터, 대역차단필터로 나눌 수 있다. 다음 그림들은 각 필터의 특징을 이상적으로 그린 것이다.

[그림 13-1] 저역통과필터

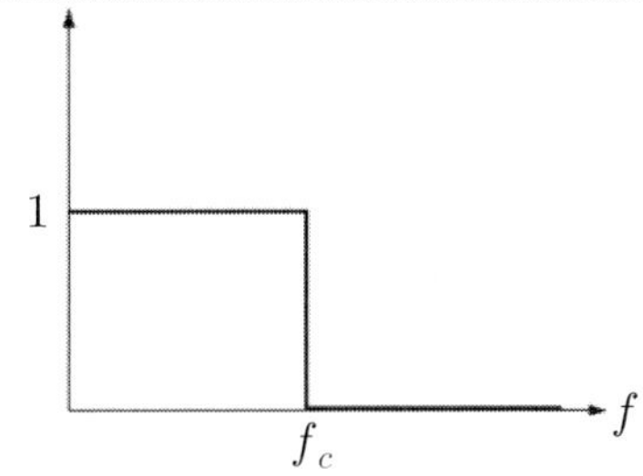

[그림 13-2] 고역통과필터

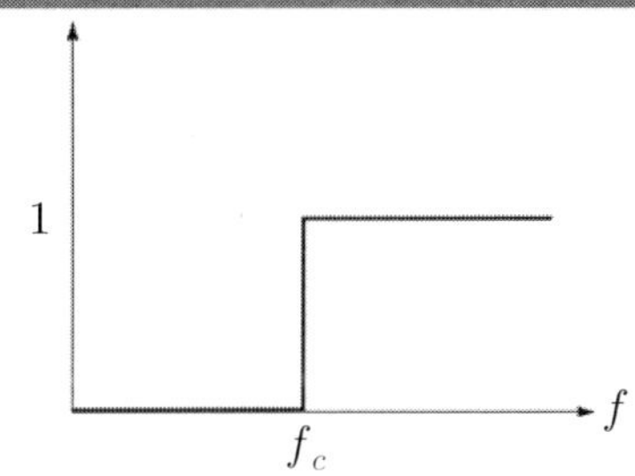

[그림 13-3] 대역통과필터

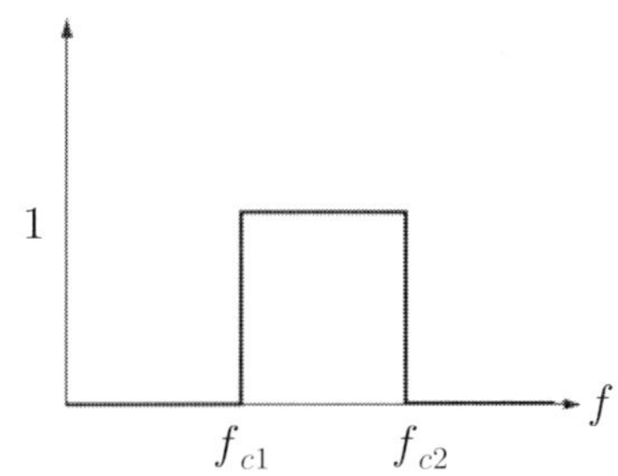

[그림 13-4] 대역차단필터

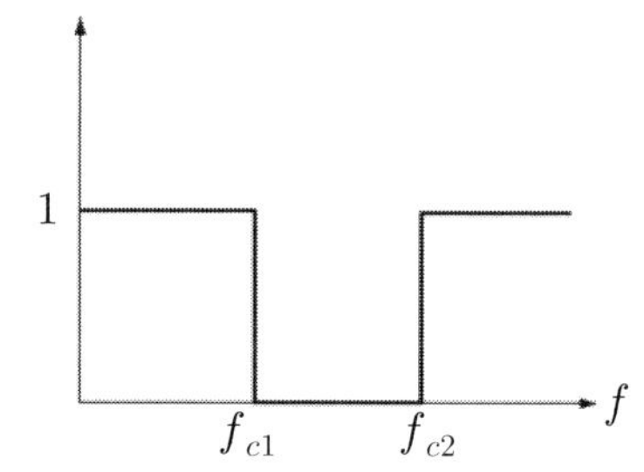

입력 신호의 주파수 특성에 이 필터를 곱하면 출력신호의 주파수 특성을 알 수 있다. 입력 신호 중에서 필터의 크기가 1인 부분에 주파수가 있는 신호는 모두 출력에 나타나고 0인 부분에 있는 신호는 출력에 나타나지 않는다.

저역통과필터(Low Pass Filter, LPF)는 차단주파수(또는 임계주파수) f_c 보다 낮은 주파수를 가진 신호만 통과시켜서 출력에 나타나게 하고 그보다 높은 주파수를 가진 신호는 출력에 나타나지 않게 한다

고역통과필터(High Pass Filter, HPF)는 차단주파수 f_c보다 높은 주파수를 갖는 신호는 통과시켜서 출력에 나타나게 하지만 그보다 낮은 주파수를 갖는 신호는 출력에 나타나지 않는다.

대역통과필터(Band Pass Filter, BPF)는 차단주파수 f_1과 f_2 사이의 주파수를 가진 신호만 통과시켜 출력에 나타나게 하고 그 외 주파수를 가진 신호는 통과시키지 않아 출력단에 나타나지 않는다.

대역차단필터(Band Reject Filter, BRF)는 차단주파수 f_1보다 낮은 주파수를 가진 신호나 f_2보다 높은 주파수를 가진 신호만 출력단에 나타나게 하고 그 사이 신호는 모두 출력단에 나타나지 않게 한다.

필터를 구성하는 일은 쉬운 일이 아니다. 특히 우리가 바라는 좋은

특성의 필터를 얻기란 많은 노하우를 요구하는 어려운 일이다. 그래서 간단한 필터 회로를 예로 들어 앞에 언급한 필터들을 설명해 보려고 한다.

CHAPTER 13

13-1 저역통과필터

저역통과필터는 간단한 RC 및 RL 회로를 이용하여 구성할 수 있다.

▣ RC 저역통과필터

[그림 13-5] RC 저역통과필터

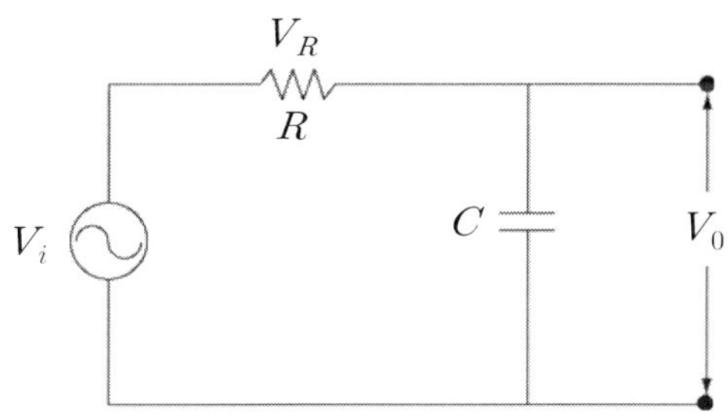

그림 13-5와 같은 RC 회로를 이용하면 저역통과필터를 구성할 수 있다. 이 회로의 차단주파수(Cutoff Frequency)는 출력에서 소비되는 전력이 입력에서 공급해주는 전력의 절반이 될 때의 주파수이다. 이 주파수를 계산해보면 저항과 캐패시터에 걸리는 전압의 크기가 같을 때의 주파수 임을 알 수 있다. 저항의 크기와 리액턴스의 크기가 동일하면 저항 양단의 전압이나 리액턴스에 걸리는 전압이 동일한 전압이 된다. 저항과 리액턴스의 크기가 같고($R = X_C$) 위상이 90도 차이 나므로

이 회로의 임피던스는

$$Z = \sqrt{R^2 + X_C^2} = \sqrt{2R^2} = \sqrt{2}\,R$$

이 회로의 전류는

$$I = \frac{V_i}{Z} = \frac{V_i}{\sqrt{2}\,R}$$

저항 양단 전압강하는

$$V_R = IR = \frac{V_i}{\sqrt{2}\,R}R = \frac{V_i}{\sqrt{2}}$$

캐패시터 양단 전압강하는

$$V_o = IX_C = \frac{V_i}{\sqrt{2}\,X_C}X_C = \frac{V_i}{\sqrt{2}}$$

캐패시터에 걸리는 전압이 입력 전압의 0.707 배 될 때의 주파수가 차단주파수 이고 이때는 저항의 크기와 리액턴스의 크기가 같으므로

$R = X_C$ 이고 $X_C = \dfrac{1}{2\pi f_C C}$ 이므로

$R = \dfrac{1}{2\pi f_C C}$ 가 되고 이 식을 주파수에 대해 정리하면

$$f_C = \frac{1}{2\pi RC} \qquad (13-1)$$

차단주파수는 시상수 RC에 2π를 곱한 값의 역수이다.

CHAPTER 13

예제 13-1

그림 13-5 회로에서 $R=1k\Omega$이고 C=100nF 일 때 임계 주파수를 구하라.

풀이 $f_C=\dfrac{1}{2\pi RC}=\dfrac{1}{2\pi\times1000\times100\times10^{-9}}=1592Hz$

예제 13-2

예제 13-1 에서 입력신호가 50 V일 때 차단주파수에서 출력 전압값을 구하라.

풀이 $V_o=\dfrac{V_i}{\sqrt{2}}=\dfrac{50}{\sqrt{2}}=35\,V$

예제 13-3

예제 13-2에서 입력전압에 대한 출력전압의 비를 데시벨(dB)로 표현하라.

풀이 데시벨은 입력전압대 출력전압의 비에 20log를 하면 되므로

$$20\log(\frac{V_o}{V_i})=20\log(\frac{\frac{V_i}{\sqrt{2}}}{V_i})=20\log(\frac{1}{\sqrt{2}})=20\log2^{-\frac{1}{2}}$$

$$=-10\log2=-3dB$$

차단주파수에서 출력전압은 입력전압의 $-3dB$이다.

■ RL 저역통과필터

[그림 13-6] RL 저역통과필터

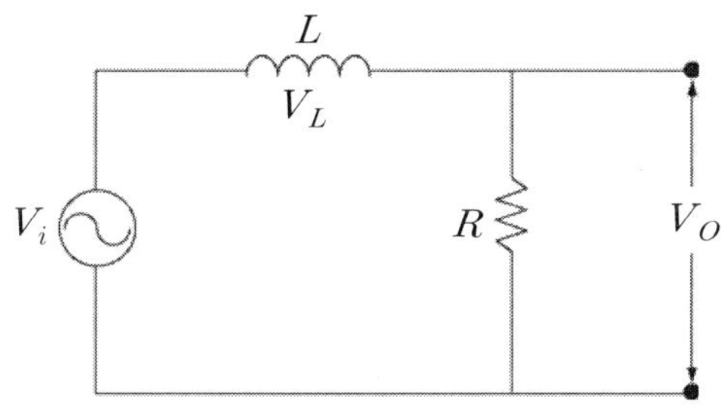

그림 13-6과 같은 RL 회로의 인덕터에서 출력을 뽑으면 저역통과 필터가 된다. 이 때 차단주파수도 저항과 리액턴스의 크기가 같을 때의 주파수이다.

$$R = 2\pi f_C L$$

이 식을 차단주파수에 대해 정리하면

$$f_C = \frac{R}{2\pi L} = \frac{1}{2\pi(\frac{L}{R})} \qquad (13-2)$$

차단주파수는 시상수 $\frac{L}{R}$에 2π를 곱한 값의 역수이다.

이 때 출력전압

$$V_o = \frac{V_i}{\sqrt{2}} = 0.707\,V_i$$

예제 13-4 exemple

그림 13-6 회로에서 R=1.2$k\Omega$이고 L=1.5mH일 때 차단주파수를 구하라.

풀이 $f_C = \dfrac{R}{2\pi L} = \dfrac{1200}{2\pi \times 15 \times 10^{-3}} = 12.7kHZ$

예제 13-5

예제 13-4에서 $V_i = 20\,V$일 때 차단주파수에서의 출력전압을 구하라.

풀이 $V_o = 0.707\,V_i = 14\,V$

예제 13-6

예제 13-4에서 입력신호 V_i의 크기가 20 V이고 주파수 $f = 5kHz$ 일 때 출력 전압을 구하라. 또 이 때의 입력신호대 출력신호의 비가 몇 데시벨인가?

풀이 저역통과필터이고 차단주파수가 12.7kHz 인데 입력신호의 주파수는 그보다 훨씬 낮은 $5kHz$이므로 입력신호가 거의 모두 출력단에 나타난다. 따라서

$$V_o = V_i = 20\,V$$

입력 및 출력신호의 비를 데시벨로 나타내면

$$20\log\left(\frac{V_o}{V_i}\right) = 20\log\left(\frac{V_i}{V_i}\right) = 20\log 1 = 0dB$$

차단주파수보다 낮은 주파수를 갖는 신호를 입력으로 주면 입력신호가 거의 그대로 출력단에 나타난다. 즉 저역 신호는 통과된다. 이 때 입력 및 출력신호의 비는 0 데시벨이다.

13-2 고역통과필터

고역통과필터도 RC 고역통과필터와 RL 고역통과필터로 간단히 구성해 볼 수 있다.

▣ RC 고역통과필터

[그림 13-7] RC 고역통과필터

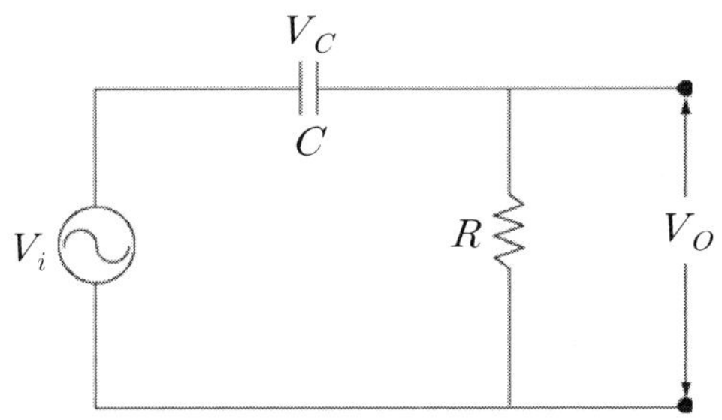

RC 고역통과필터는 **그림** 13-7과 같이 RC 저역통과필터와 같은 형태의 회로지만 저항 양단에서 출력신호를 갖고 오는 것이 다른 점이다.

저역통과필터와 같은 회로이므로 차단주파수는 저역통과필터와 똑같이 13-1 식을 사용한다. 차단주파수보다 높은 주파수에서는 입력신호의 거의 대부분이 출력단인 저항 양단에 나타나고 차단주파수보다 낮은 주파수에서 출력단 전압은 거의 나오지 않는다.

▣ RL 고역통과필터

RL 고역통과필터는 **그림** 13-8과 같이 RL 저역통과필터와 같은 형태의 회로지만 인덕터 양단에서 출력신호를 갖고 오는 것이 다른 점이다.

[그림 13-8] RL 고역통과필터

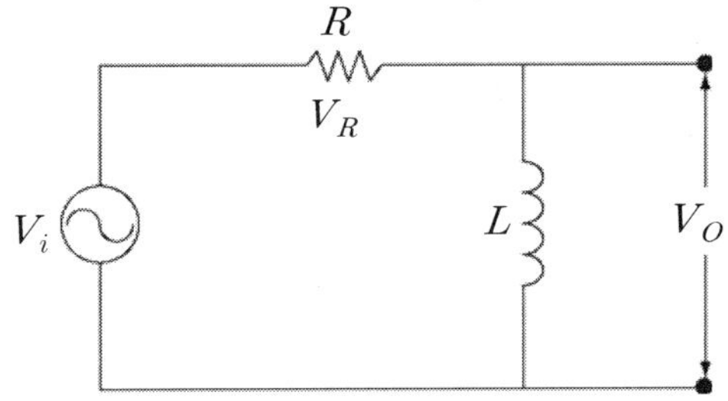

차단주파수는 식 13－2와 같다.

13-3 대역통과필터

대역통과필터는 그림 13－9에서 보는 바와 같이 저역통과필터와 대역통과필터 2개를 겹쳐 놓은 것과 같다. 논리적으로는 저역통과필터를 통과한 신호에 고역통과필터를 통과시키면 대역통과필터를 통과한 신호가 된다. 따라서 대역통과필터 회로도 두 필터를 합쳐놓은 형태로 만들 수 있다. 그림 13－6의 RL 저역통과필터 회로와 그림 13－7의 RC 고역통과필터 2개를 합치면 그림 13－10의 회로처럼 직렬 공진 대역통과필터 회로가 된다. 여기서 R은 두 필터가 각각 공유하는 형태로 되어 하나의 저항만 사용하였다.

회로 형태는 앞에서 배운 직렬공진회로와 동일하다. 이것은 당연한 결과다. 공진회로가 바로 대역통과필터이기 때문이다. 이 회로의 공진주파수는 $f_r = \frac{1}{2\pi}\sqrt{LC}$ 이고 대역폭은 $\Delta f = \frac{f_r}{Q}$ 이다.

[그림 13-9] 대역통과필터의 개념

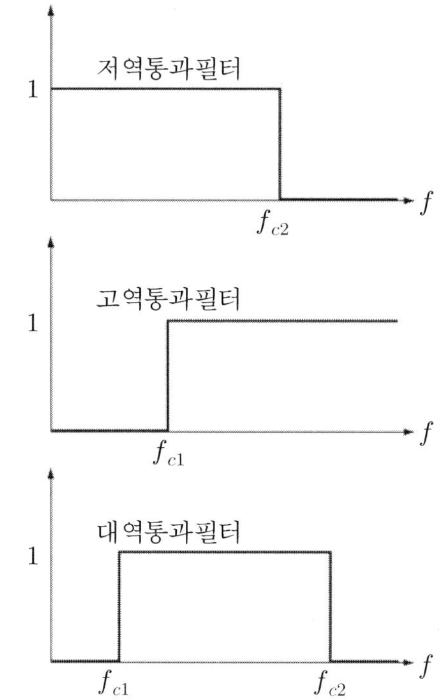

그림 13-5의 회로와 같은 RC 저역통과필터와 그림 13-8의 회로와 같은 RL 고역통과필터를 결합시키면 그림 13-11 회로와 같은 병렬 공진 대역통과필터 회로를 구성할 수 있다. 이 회로의 공진주파수와 대역

[그림 13-10] 직렬 공진 대역통과필터 회로

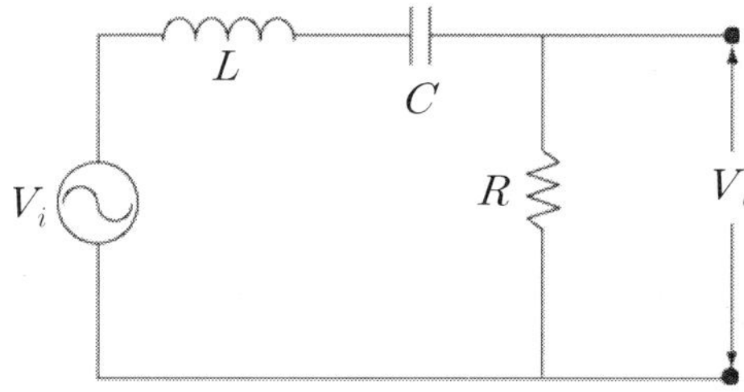

[그림 13-11] 병렬 공진 대역통과필터 회로

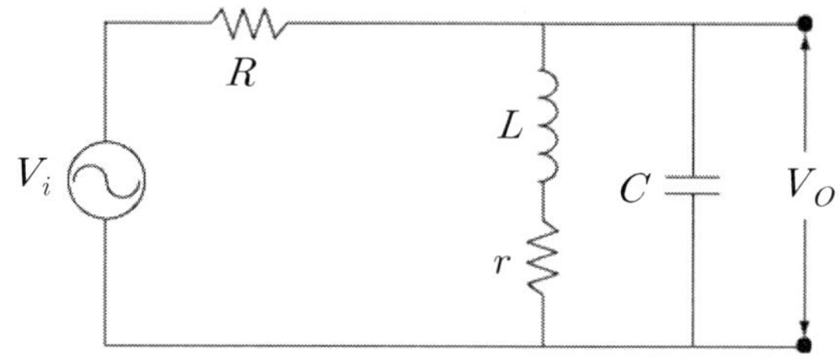

폭은 직렬 공진 대역통과필터와 동일하다. 이 회로에서 r은 교류실효 저항이다.

13-4 대역차단필터

대역차단필터는 그림 13-9의 대역통과필터의 모양을 거꾸로 뒤집은 형태이다. 회로도도 대역차단필터의 출력단만 단순히 옮긴 형태이다. 직렬공진 대역차단필터는 그림 13-10 회로에서 출력단을 저항 양단이 아닌 LC 양단으로, 병렬공진 대역차단필터는 그림 13-11의 병렬공진 대역통과필터의 출력단을 LC 양단에서 저항으로 옮기면 된다.

[그림 13-12] 직렬 공진 대역차단필터

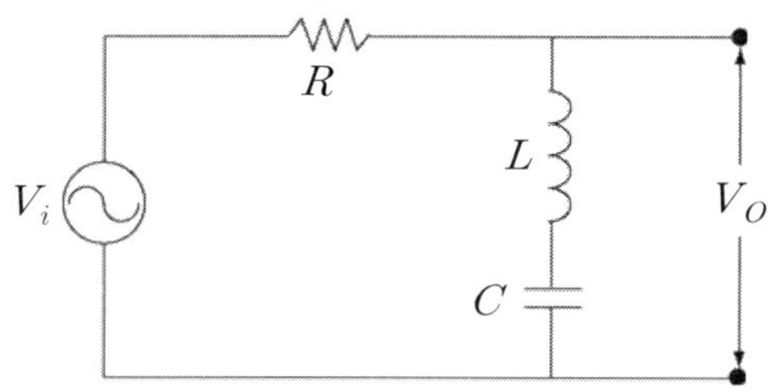

[그림 13-13] 병렬 공진 대역차단필터

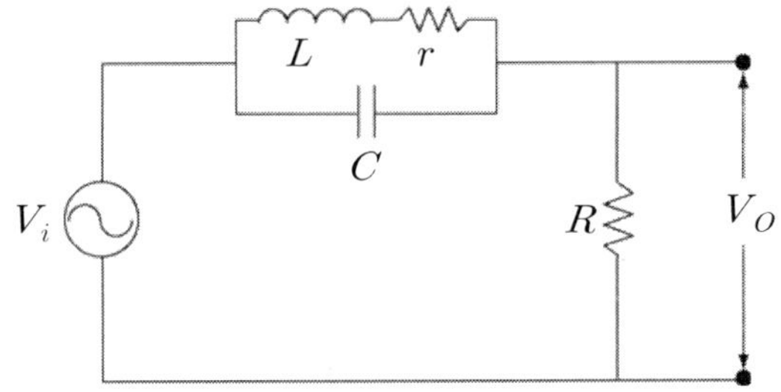

CHAPTER

14 측 정

14-1 아날로그 측정과 디지털 측정

[그림 14-1] 아날로그 계측기

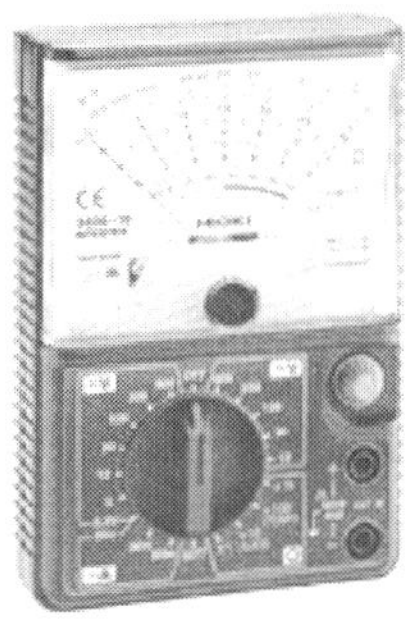

지시계기의 지침을 읽는 경우를 아날로그 측정(Analog Measurement)이라 하고 숫자식으로 측정 결과를 표시하는 것을 디지털 측정(Digital Measurement)이라고 한다.

아날로그 측정은 계측기가 연속적인 값을 제시하고 디지털 측정에서는 계측기가 이산적인 숫자를 제시한다. 아날로그 측정은 지침을 읽을 때 읽는 사람의 위치에 따라 다른 값으로 보일 수 있으며 측정자는 눈대중으로 대강 읽게 된다. 하지만 디지털 측정은 숫자로 명확하게 표시되므로 측정자에 따른 오차는 줄어들게 된다.

[그림 14-2] 디지털 계측기

14-2 수동 측정과 능동 측정

측정에 필요한 에너지가 피측정 대상에서 계측기로 공급되는 측정을 수동 측정(Passive Measurement)이라 하고 계측기에서 피측정 대상에 에너지가 공급되는 측정을 능동 측정(Active Measurement)이라 한다.

전압계나 전류계는 피측정 대상에서 아주 적은 양의 전류를 계측기에 흐르게 하여 측정하므로 수동 측정에 해당되고 저항계는 내재된 배터리를 이용해 저항에 전류를 흐르게 하여 그 전류량을 측정하므로 능동 측정에 해당된다.

14-3 측정 오차

측정이란 미지량을 기지의 표준량과 비교하는 과정이다. 그것은 계측기를 피측정 시스템과 접속시키고 계측기에 나타나는 응답을 관측하는 것이다. 이와 같이 얻어진 측정은 참값(True Value)의 정량적 척도이다. 참값을 적절히 정의하기는 매우 어렵기 때문에 일반적으로 기대값이라는 용어를 사용한다. 측정은 많은 요인에 의해서 영향을 받는다. 그러므로 결과는 좀처럼 기댓값을 나타내지 않는다. 예를 들면 계측기를 피측정회로에 접속하면 항상 회로 상태를 변화시키며 그 결과 측정값은 기대값과 다르다.

측정에 영향을 미치는 몇 가지 인자는 계측기 자체와 관련된다. 또 다른 인자들은 계측기를 사용하는 사람과 관련된다. 측정값이 기대값에 일치하는 정도를 측정오차로 나타낸다. 오차는 절대오차 또는 백분율로 나타낼 수 있다. 절대오차는 다음 식과 같이 변수의 기대값과 측정값 사이의 차이를 나타낸다.

$$e = Y_E - Y_M \qquad (14\text{-}1)$$

- e = 절대오차
- Y_E= 기대값
- Y_M= 측정값

$$\text{백분율 오차} = \frac{|\text{절대오차}|}{\text{기대값}} \times 100\% = \frac{|e|}{Y_E} \times 100\% \qquad (14\text{-}2)$$

식 (14-1)을 식 (14-2)에 삽입하면

$$\text{백분율 오차} = \left| \frac{Y_E - Y_M}{Y_E} \right| \times 100\% \qquad (14\text{-}3)$$

측정값을 오차보다는 상대 확도(Relative Accuracy)로 표현하는 것이 더 바람직할 때가 자주 있다. 따라서 상대 확도를 A 로 표시하면

$$A = 1 - \left| \frac{Y_E - Y_M}{Y_E} \right| \qquad (14\text{-}4)$$

확도를 백분율 확도(Percent Accuracy)로 나타내면

$$a = 100 - \text{백분율 오차} = A \times 100\% \qquad (14\text{–}5)$$

예제 14-1

어떤 회로 내의 저항 양단의 전압에 대한 기대값은 50 V 이다. 그러나 측정값이 49 V로 나왔다. 다음 항목을 계산하라.

(a) 절대오차　　(b) 백분율 오차

(c) 상대 확도　　(d) 백분율 확도

풀이 절대 오차 $e = Y_E - Y_M = 50 - 49 = 1\,V$

백분율 오차 $= \left|\frac{e}{Y_E}\right| \times 100\% = \left|\frac{1}{50}\right| \times 100\% = 2\%$

상대 확도 $A = 1 - \left|\frac{Y_E - Y_M}{Y_E}\right| = 1 - \left|\frac{1}{50}\right| = 1 - 0.2 = 0.98$

백분율 확도

$a = 100 - \text{백분율 오차} = A \times 100\% = 0.98 \times 100\% = 98\%$

측정이 정확하면 정밀해야 한다. 따라서 확도는 정도(Precision)를 의미한다. 그러나 역은 반드시 참이 아니다. 측정의 정도란 동일 변수를 반복 측정하는 경우 측정값이 측정 평균값과 일치하는 접근 정도를 정량적 또는 수학적으로 나타낸 것이다. 정도는 수학적 또는 정량적으로 다음과 같이 나타낼 수 있다.

$$P = 1 - \left|\frac{Y_{Mn} - \overline{Y_{MN}}}{\overline{Y_{MN}}}\right| \qquad (14\text{–}6)$$

- $Y_{Mn} = n$번째 측정값
- $\overline{Y_{MN}} = N$번 측정한 후 평균한 값

예제 14-2

다음은 실험실에서 전압을 10회 측정한 기록이다. 네번째 측정의 정도를 계산하라.

측정 순서	측정치(V)
1	98
2	102
3	101
4	97
5	100
6	103
7	98
8	106
9	107
10	99

풀이

$$\overline{Y_{MN}} = (98+102+101+97+100+103+98+106+107+99)/10 = 101.1$$

$$Y_{M4} = 97$$

$$\text{정도 } P = 1 - \left| \frac{Y_{Mn} - \overline{Y_{MN}}}{\overline{Y_{MN}}} \right| = 1 - \left| \frac{97 - 101.1}{101.1} \right| = 1 - 0.04 = 0.96$$

측정의 확도와 정도는 계측기의 품질 뿐만 아니라 계측기를 사용하는 사람에 의해서도 좌우된다. 그러나 계측기의 품질이나 사용자의 주의에도 불구하고 물리량의 측정에는 어떤 형태로든 오차가 존재한다.

지금까지 정량적으로 기술한 바와 같이 오차는 피측정 변수의 기대값에서 측정값이 벗어난 값이라 정의할 수 있다. 일반적으로 오차는 다음과 같이 3가지로 분류할 수 있다.

▣ 총체적 오차

총체적 오차는 일반적으로 계측기를 사용하는 인간의 실수이며 계측기의 부정확한 판독, 실험 데이터의 오기, 계측기의 부정확한 사용 등에 기인한다.

▣ 계통적 오차

계통적 오차는 계측기와 관련된 문제, 환경적 영향, 또는 관측 오차 등에 기인한다. 이러한 오차들은 동일 측정 조건하에서 동일한 양을 여러 번 측정함으로써 제거할 수 있다.

가. 계측기 오차

계측기 오차는 계기 작동 기구의 베어링 마찰, 부정확한 스프링 장력, 부적합한 교정, 또는 잘못된 계측기 등에 기인한다. 계측기 오차는 계측기를 적절히 보수, 유지, 사용 및 취급함으로써 감소시킬 수 있다.

나. 환경적 오차

계측기가 사용되는 환경 조건이 오차를 일으킬 수 있다. 계측기가 고온, 고압, 고습 또는 강한 정전계 및 자계와 같은 가혹한 환경에 놓이게 되면 유해한 영향을 받게되며 이것이 오차를 일으킨다.

다. 관측 오차

관측오차는 관측자에 의해서 도입되는 오차를 말한다. 가장 흔한 두 관측 오차는 계기 눈금을 읽을 때 도입되는 시오차와 계기 눈금으로부터 지시값을 얻을 때 발생하는 평가오차이다.

▣ 불규칙 오차

불규칙 오차는 총체적 오차, 계통적 오차를 제거한 후에도 여전히 존재하는 오차이다. 불규칙 오차는 일반적으로 수많은 작은 영향들이 축적된 것이라고 볼 수 있으며 높은 확도를 요구하는 측정에서만 실제로 중요하다. 그와 같은 오차는 단지 통계적으로만 해석할 수 있다.

14-4 측정 오차의 통계적 해석

우리가 어떤 물리량을 측정할 때 여러가지 인자에 의해 영향을 받는다. 예를 들어 전선의 저항을 측정했을 때 몇 가지 요인이 측정된 저항값에 영향을 미쳤을 수 있다. 이 요인들 들 중 매우 중요한 것도 있는 반면 별로 중요하지 않은 것도 있을 수 있다. 고려해야 할 인자는 전선 재료의 형태와 순도, 그것의 온도, 길이와 단면적, 전선내의 전류 분포, 열처리와 같은 제조기술, 측정하는 동안 전선에 가해지는 장력 등이다.

이상적으로는 개개의 요인이 측정에 영향을 미치는 정도는 반드시 알려져서 측정이 이해되고 설명되어져야 한다. 만약 측정이 수회 반복되는 경우에는 실험자가 위에 열거한 모든 요인들을 항상 일정하게 유지하지 못하기 때문에 측정값은 매번 다를 수 있다.

어떤 요인의 영향이 불규칙하게 적용된다고 가정하자. 또 그 요인의 미소 변화가 불규칙하게 일어난다고 가정해 보자. 만약 이들 변화 모두가 순전히 불규칙하다면 그 때 변화가 + 또는 −가 될 확률은 서로 같다. 이와 같은 사실로부터 실험 데이터의 질을 통계적으로 구할 수 있다. 통계적 해석을 기초로 해서 우리는 데이타의 평균값, 평균 편차, 표준 편차와 같은 정보를 얻을 수 있다. 그와 같은 정보는 측정 데이타에 있어서 변화나 오차의 정량적 판단을 가능케 해 준다.

평균이란 일군의 측정 데이터에 대한 대표적인 값을 의미한다. 그와 같은 대표적인 값은 데이터를 크기에 따라 배열하였을 때 중앙에 위치하는 경향이 있기 때문에 평균을 중앙값의 척도라고도 한다.

가장 흔히 사용되는 평균은 산술 평균이며 이것은 데이터의 총합을 측정 횟수로 단순히 나눈 것이다. 즉 n회 측정 데이터가 x_1, x_2, x_3, $\cdots$, x_n 일 때 산술 평균 $\overline{x}$ 는 다음과 같이 정의된다.

$$\overline{x} = \frac{x_1 + x_2 + x_3 + \cdots + x_n}{n} = \frac{\sum_{i=1}^{n} x_i}{n} \qquad (14\text{-}7)$$

편차는 각 실험 데이터와 산술 평균 사이의 차를 말한다. 즉 산술 평균 $\overline{x}$ 로 부터의 편차 d_1, d_2, d_3, $\cdots$, d_n은 다음과 같이 정의한다.

$$d_1 = x_1 - \overline{x}$$

$$d_2 = x_2 - \overline{x}$$

$$d_n = x_n - \overline{x}$$

각 측정값의 편차의 대수합은 0 이다.

예제 14-3 exemple

다음 데이터에 대해

(a) 산술 평균 (b) 각 측정값의 편차 (c) 편차의 대수합

을 계산하라.

데이터 : 50.1, 49.7, 49.6, 50. 2

풀이 산술 평균 $\overline{x} = \dfrac{x_1 + x_2 + x_3 + \cdots + x_n}{n}$

$$= \frac{50.1 + 49.7 + 49.6 + 50.2}{4}$$

$$= \frac{199.6}{4} = 49.9$$

평균으로부터의 각 값의 편차는

$$d_1 = 50.1 - 49.9 = 0.2$$

$$d_2 = 49.7 - 49.9 = -0.2$$

$$d_3 = 49.6 - 49.9 = -0.3$$

$$d_4 = 50.2 - 49.9 = 0.3$$

편차의 대수합은

$$d_{total} = 0.2 + (-0.2) + (-0.3) + 0.3 = 0$$

시험 데이터가 평균값을 중심으로 분포하는 정도를 데이터의 분산이라고 하는데 분산의 척도가 평균 편차이다 평균 편차는 계측기의 정도를 나타내는데 사용될 수 있다. 어떤 계기로 측정한 데이터의 평균 편차의 값이 작으면 정밀한 계측기임을 나타낸다.

평균 편차는 다음과 같이 편차의 절대값의 평균으로 정의한다.

$$D = \frac{|d_1| + |d_2| + \cdots + |d_n|}{n} = \frac{\sum_{i=1}^{n} |d_i|}{n} \tag{14-8}$$

예제 14-4 exemple

예제 14-3에 주어진 데이터의 평균 편차를 구하라.

풀이 평균 편차는 각 편차의 절대값의 평균이다.

$$D = \frac{|0.2| + |-0.2| + |-0.3| + |0.3|}{4} = \frac{1.0}{4} = 0.25$$

측정값들에 대한 표준 편차는 그 값이 평균치 주위에서 변하는 정도를 나타낸다. 표준 편차는

$$S=\sqrt{\frac{d_1^2+d_2^2+\cdots+d_n^2}{n}}=\left(\frac{\sum_{i=1}^{n} d_i^2}{n}\right)^{\frac{1}{2}} \tag{14-9}$$

측정 회수가 적은 경우(n〈30) 더 정확한 표준 편차값을 얻기 위해서 n 대신에 n−1을 사용하기도 한다.

예제 14-5 exemple

예제 14-3의 데이터에 대한 표준 편차를 구하라.

✔풀이 $S=\sqrt{\frac{(0.2)^2+(-0.2)^2+(-0.3)^2+(0.3)^2}{4-1}}$

$= 0.294$

14-5 오차 확률 분포

일반적으로 오차는 항상 같은 값으로 나타나지 않고 특정한 패턴을 지니고 있다. 이렇게 오차가 발생하는 확률은 오차 확률 분포에 따른다. 오차 확률 분포는 여러가지가 있지만 주로 정규 분포가 많이 사용된다. 정규 분포는 **그림** 14−3 과 같이 종과 비슷한 형태를 띠며 이 그림은 다음 식으로 표현할 수 있다.

$$P_d=\frac{1}{\sqrt{2\pi}}e^{-\frac{1}{2}\left(\frac{x-\overline{x}}{\sigma}\right)^2} \tag{14-10}$$

$x-\overline{x}$ 가 $\pm\sigma$ 내에 들 확률이 68.3%, $\pm 2\sigma$ 내에 들 확률이 95.5%, $\pm 3\sigma$ 내에 들 확률이 99.7% 이며 여기서 σ 는 표준 편차이다. 대부분의 오차 확률 밀도 함수는 이런 정규 분포를 따른다.

오차를 여러번 측정했을 때 평균값을 가질 확률이 제일 높으며 평균값과 차이가 많이 나는 오차는 발생 가능성이 적으며 그 오차 분포가 종 모양을 한 정규 분포 곡선을 따른다.

[그림 14-3] 확률 밀도 함수의 정규 분포

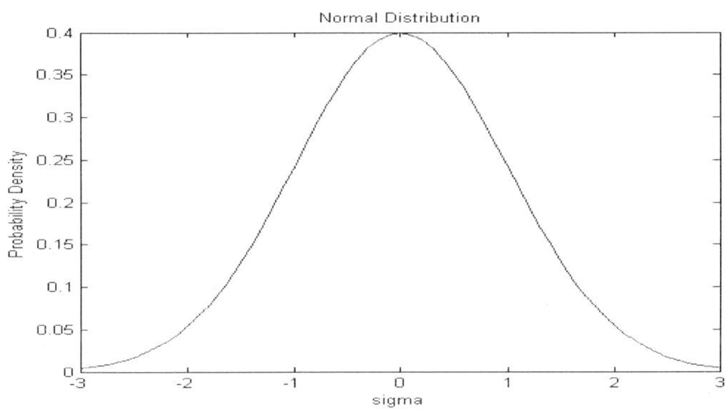

14-6 제한 오차

대부분의 계측기 제조자들은 계측기가 최대 눈금의 몇 % 내에서 정확하다고 명시한다. 예를 들어 어떤 계측기기 최대 눈금 편위의 +2% 내에서 정확하다고 하면 이러한 사양을 제한 오차라고 부른다. 최대 눈금 편위란 최대로 측정할 수 있는 범위를 말한다. 최대로 측정할 수 있는 눈금을 기준으로 한 것이므로 최대 눈금 이하의 값에서는 제한 오차가 증가하게 된다. 그러므로 측정시에는 가능한 한 최대 눈금에 가깝도록 측정하는 것이 중요하다.

예제 14-6 exemple

300 V 전압계의 확도가 최대 눈금에서 +2%이다. 이 계측기로 120 V를 측정할 때 제한 오차를 계산하라.

✔풀이 300 V 범위에서 제한 오차가 2% 이므로 $300\,V \times 0.002 = 6\,V$ 가 제한 오차의 크기이다. 즉 300 V를 측정하면 최대 6 V 까지 오차가 생길 수 있다. 물론 120 V를 측정할 때도 최대 6 V까지 오차가 생길 수 있다. 따라서 이 때 제한오차는

$$\frac{6}{120} \times 100\% = 5\%$$

예제 14-7 exemple

전압계와 전류계로 저항에서 소비되는 전력을 구하고자 한다. 두 계측기의 확도는 최대 눈금에서 ±1% 이다. 만약 전압계가 150 V 측정 범위에서 80 V, 전류계는 100mA 측정 범위에서 70mA를 지시하고 있다면 전력 계산에 대한 제한 오차는 얼마인가?

✔풀이 전압계에 대한 제한 오차의 크기는 $150\,V \times 0.01 = 1.5\,V$

80V에서 제한 오차는 $\frac{1.5}{80} \times 100\% = 1.86\%$

전류계에 대한 제한 오차의 크기는 $100mA \times 0.01 = 1mA$

70mA에서 제한 오차는 $\frac{1}{70} \times 100\% = 1.43\%$

전력 계산에 대한 제한 오차는 각 제한 오차의 합이다. 따라서

제한 오차 = 1.86 + 1.43 = 3.29%

CHAPTER 15 계측기

CHAPTER 15

15-1 디지털 멀티미터

[그림 15-1] 아날로그 멀티미터

영어로 Multimeter 또는 Multitester, 또는 Volt/Ohm meter 즉 VOM이라고도 한다. 우리나라에서는 그냥 테스터기 라고도 불린다. 이 기기는 전압, 전류, 저항 등을 측정하는 다양한 기능을 지니고 있고 다이오드 극성, 주파수, 트랜지스터의 단자 이름 등을 알아내는 기능을 가진 것도 있다. 멀티미터에는 아날로그 멀티미터(Analog Multimeter)와 디지털 멀티미터(Digital Multimeter)가 있다. 디지털 멀티미터는 줄여서 DMM이라고도 한다.

멀티미터는 현장에서 서비스 하거나 또는 간단한 점검을 할 수 있도록 보통 휴대용으로 제작된다. 그리고 기대 이상으로 정확하게 측정할 수 있다. 아주 저렴한 가격에 구입할 수 있지만 기능도 기대 이상이다. 가정의 전압을 측정할 수 있고 가정용 배터리가 사용 가능한지 전압을 측정해 알 수 있고 자동차의 배터리가 방전이 되었는지 점검할 수 있으며 절연된 전선이 절연체 안에서 끊어졌는지 알아볼 수 있다.

[그림 5-2] 디지털 멀티미터

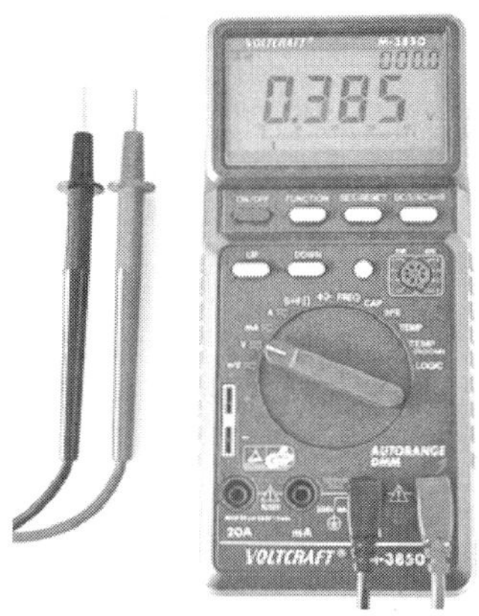

요즘 나오는 멀티미터는 다음과 같이 다양한 측정이 가능하다.

- 교류 전압, 직류 전압
- 교류 전류, 직류 전류
- 저항

그 외에

- Capacitance

- 주파수
- 온도
- Conductance
- Inductance

추가 기능으로

- 전선이 끊어지지 않고 연결되어 있을 때 "삑" 소리를 내는 기능
- 다이오드, 트랜지스터 측정

등을 측정할 수 있다.

물론 위에 열거한 기능 중에 전압, 전류, 저항을 측정하는 기능과 저항없이 연결되어 있을 때 "삑"소리를 내는 기능 외의 다른 기능이 있는 것도 있고 없는 것도 있으며 회사나 모델마다 다를 수 있다.

멀티미터는 탁상용으로도 제조되며 이는 대개 휴대용보다 비싸고 정도도 좋은 경우가 많다.

▣ 해상도

디지털 멀티미터의 해상도는 digits 으로 표시된다. 예를 들어 $5\frac{1}{2}$ digits 이면 멀티미터의 화면에 나타나는 숫자의 갯수를 의미한다.

일반적으로 $\frac{1}{2}$ digit 는 0 이나 1 만 표시할 수 있다. $\frac{3}{4}$ digit는 1보다 크면서 9보다 작거나 같은 숫자를 표시할 수 있음을 의미한다. 하지만 일반적으로 3 이나 5를 나타낸다. 그리고 이 숫자의 위치는 표시되는 숫자에서 가장 가중치가 큰 위치이다. 즉 숫자의 제일 왼쪽에 있는 숫자이다.

예를 들어 $5\frac{1}{2}$ digits 는 0과 1만 표시할 수 있는 한 개의 숫자와 0

부터 9까지 표시할 수 있는 다섯개의 숫자를 표시할 수 있음을 의미한다. 따라서 이런 사양이 적힌 계측기는 0부터 + 또는 −199,999까지 표시할 수 있다. 제일 왼쪽에 있는 숫자 한자리는 최대 1까지 표시될 수 있으며 나머지 숫자 다섯 자리는 각각 0부터 9까지 나타낼 수 있기 때문이다. 마찬가지로 $3\frac{3}{4}$ digits는 계측기에 따라 0부터 + 또는 − 3,999 또는 5,999까지 표시될 수 있음을 나타낸다.

▣ 정확도(Accuracy)

디지털 멀티미터는 일반적으로 아날로그 멀티미터 보다 훨씬 정확하게 측정한다. 아날로그 멀티미터가 대개 3에서 5% 정도의 확도(정확도)로 측정하는데 반해 휴대용 디지털 멀티미터는 DC 전압과 전류를 측정할 때 0.5%의 확도로 측정한다. 탁상용 멀티미터의 경우에는 0.01%까지 확도가 나온다.

▣ 감도(Sensitivity)와 입력 임피던스(Input Impedance)

회로를 측정할 때 측정 대상에서 전류를 얼마나 끌어 당겨서 측정하였나가 멀티미터의 확도에 영향을 끼치게 된다. 전류를 조금만 끌어다가 측정하면 더 정확한 측정 결과를 얻을 수 있다. 일반적으로 멀티미터는 측정 대상 회로에 흐르는 전류의 일부를 멀티미터에 흐르게 해서 그 전류의 양으로 측정 대상 회로의 전류나 전압, 저항값을 계산한다.

이 때 멀티미터에 흐르게 하는 전류의 양은 측정 대상 회로의 전류의 흐름에 영향을 주지 않는 아주 작은 양이어야 한다. 이 양에 따라 확도가 달라지고 이를 결정하는 중요한 요소가 입력 임피던스이다.

[그림 15-3] 탁상용 디지털 멀티미터

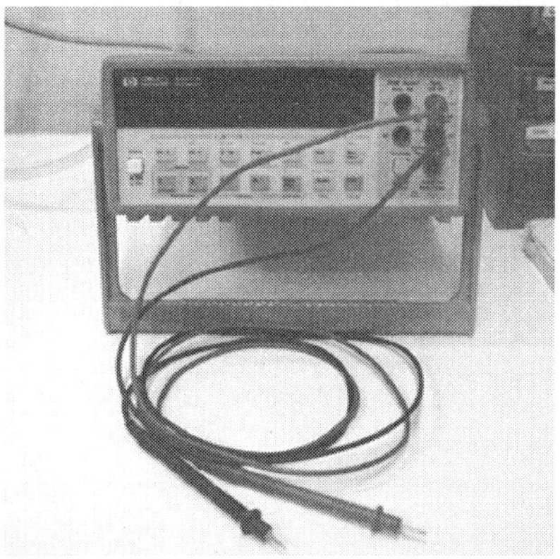

멀티미터는 내부에 트랜지스터가 들어 있어서 이 트랜지스터가 멀티미터에 입력되는 신호를 증폭해서 측정하게 되는데 이 증폭기는 입력 임피던스가 $1M\Omega$ 이나 $10M\Omega$ 정도상당히 높아서 측정하고자 하는 회로가 영향을 거의 안 받게 된다.

대부분의 아날로그 멀티미터는 지침을 움직이는데 필요한 전류를 측정 대상 회로에서 끌어다 쓴다. 따라서 멀티미터의 임피던스는 해당 멀티미터의 감도나 선택된 측정 범위에 영향을 받게 된다. 예를 들어 20,000 ohms/volt의 감도를 갖는 멀티미터는 최대 $100V$ 까지 측정할 수 있는 범위에서 입력 임피던스가 $2M\Omega$ 이다. 즉 $100V\times 20,000\Omega/V = 2,000,000\Omega = 2M\Omega$ 이다. 전원 회로와 같이 상대적으로 임피던스가 낟은 회로에서는 낮은 감도의 멀티미터를 사용해도 문제가 없지만 대부분의 회로에서는 감도가 낮으면 측정 대상 회로에서 많은 전류를 끌어와 쓰게 되므로 문제가 된다. 따라서 감도는 얼마나 낮은 전압이나 전류, 저항을 측정할 수 있는가 하는 지표가 되기도 한다.

일반 디지털 멀티미터는 대개 수백 mV의 교류나 직류 전압까지 측정할 수 있다. 전류의 경우에도 수백 mA 까지 측정할 수 있다. 저항의 경우에는 측정에 사용되는 선의 저항을 보상하는 기능이 없으면 수십분의 일 정도의 저항을 측정하면 확도가 떨어진다.

▣ 교류 측정

아날로그 멀티미터나 디지털 멀티미터나 기본적으로 직류만 측정할 수 있게 되어 있다. 하지만 멀티미터는 교류도 측정할 수 있다. 그렇다면 직류만 측정할 수 있는 시스템으로 어떻게 교류를 측정할 수 있는가? 일반적으로 정류회로를 사용하여 교류를 직류로 만든 후 그 직류를 측정하여 교류값을 알아낸다. 이렇게 하면 교류의 실효값(Root Mean Square or RMS)을 알 수 있다. 우리가 가정에서 쓰는 전기는 220 V 인데 이 전압은 실효값을 의미한다. 우리가 멀티미터로 전압을 재었을 때 나오는 정압이 220 V 이고 이 전압은 정류회로를 사용하여 직류로 바꾼 후 측정하는 실효값이기 때문이다.

▣ 디지털 멀티미터의 특성

요즈음 나오는 멀티미터는 주로 디지털이며 확도가 높고 신뢰성도 높다. 디지털 멀티미터는 측정하고자 하는 신호를 전압으로 바꿔서 증폭하고 이 전압을 A/D 변환기로 디지털로 바꾼 다음에 이를 적절한 숫자로 나타낸다. 디지털 멀티미터 안에 내장된 컴퓨터 덕택에 디지털 멀티미터는 아날로그 멀티미터가 제공하지 못하는 다양한 기능을 제공해준다.

가. Auto-ranging

측정 대상의 값에 따라 적절한 측정 범위를 선택해서 화면에 값을 나타낸다. 예를 들어 8 V를 재는데 100 V 범위에서 재는 것보다 10 V 범위에서 재는 것이 더 정확하다. DMM은 자동으로 이런 일을 해 준다.

나. Auto-polarity

직류를 측정할 때 +인지 −인지 자동으로 표시해 준다. 아날로그 멀티미터로 측정할 때는 제일 왼쪽 눈금이 0 이고 오른쪽으로 갈수록 값이 커지므로 지침이 값이 − 일 때 지침이 왼쪽으로 갈 수 없어서 측정 시에 조심스럽게 극성을 잘 보아가면서 측정해야 한다.

다. Sample and hold

바로 직전에 읽은 값을 계속 화면에 띄워 놓고 싶을 때 이 기능을 사용하면 계측기를 측정 회로에 연결하여 측정을 끝낸 후에 그 값을 화면에 계속 나타나게 할 수 있다.

다. Graphic representation

Bar Graph 등을 이용해서 화면에 나타냄으로써 측정 대상 값의 추이를 쉽게 살펴볼 수 있게 한다.

15-2 오실로스코프

오실로스코프(Oscilloscope)는 신호의 전압을 눈으로 볼 수 있게 해주는 전자장치이다. 장비 앞 부분에 작은 화면이 있으며 화면에 수평으로 난 눈금은 시간을 나타내고 수직으로 난 눈금은 전압의 세기를 나타낸다. 따라서 시간에 따른 전압의 변화를 눈으로 볼 수 있다. 멀티미터는 직류일 경우는 순간 전압, 교류일 경우에는 실효값을 보여주는데 반해 오실포스코프는 시간에 따른 변화를 볼 수 있기 때문에 상당히 많은 정보를 사용자에게 제공한다. 따라서 시간에 따른 전압 변화(이를 파형이라고 부른다)외에 주기적인 신호일 경우에 이 신호의 주기와 주파수를 알 수 있으며 당연히 신호의 모양을 눈으로 확인할 수 있다. 신호에 섞인 직류를 제거해 신호의 변화만 볼 수 있는 기능도 있으며 디지털 스토리지 오실로스코프(Digital Storage Oscilloscope)의 경우에는 화면에 나타난 신호의 모양을 저장하고 출력할 수 있는 기능도 지니고 있다.

[그림 15-4] 아날로그 오실로스코프

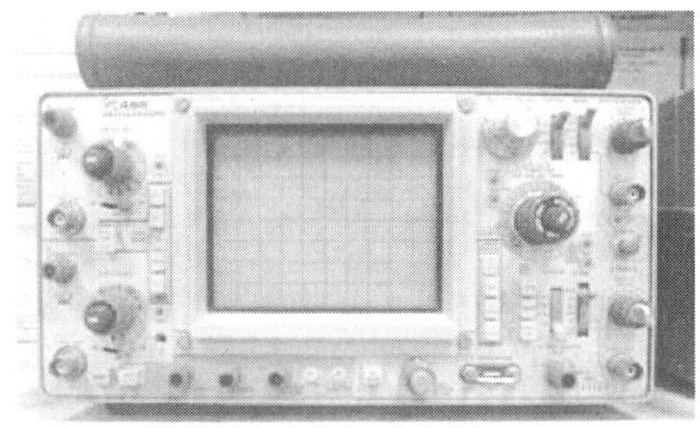

아날로그 오실로스코프는 TV 처럼 CRT(Cathode Ray Tube), 즉 음극관을 사용하여 시간 및 전압의 크기에 따라 전자총에서 나오는 전자를 휘게 하여 형광물질이 발라져 있는 CRT 화면에 맞히게 된다. 음극관 뒤에 설치되어 있는 전자총은 화면의 중앙을 향해 전자를 발사하는데 화면으로 가는 기로의 아래 위 쪽에 좌우에 설치된 전계 발생 장치에 전압을 인가하면 전자가 휘게 되고 전자는 화면의 중심 부분이 아니라 휜 만큼 이동한 위치에 맞게 된다. 휜 전자가 때리는 화면에는 형광 물질이 발라져 있어서 전자에 맞은 부분이 빛을 발하게 된다. 휘는 양을 정확하게 조정하기 위해서 오실로스코프는 화면의 크기에 비해 상당히 긴 음극관을 갖추고 있다. TV는 오실로스코프와 유사한 원리로 작동하지만 측정 장비가 아니어서 음극관의 길이가 상당히 짧고 전자를 휘게 하는 기능도 전계가 아닌 자계를 이용하고 있다. 만약 TV를 오실로스코프와 같은 형태로 만들게 되면 화면이 대형이므로 상당히 길게 생긴 TV가 등장할 것이며 너무 길어서 거실에 TV를 두기 어려울 것이다. 오실로스코프 소형화에 큰 걸림돌이었던 CRT는 디지털 스토리지 오실로스코프의 등장으로 사라지게 되고 오실로스코프는 소형 경량화의 길을 걷게 되었다.

[그림 15-5] 전계발생장치

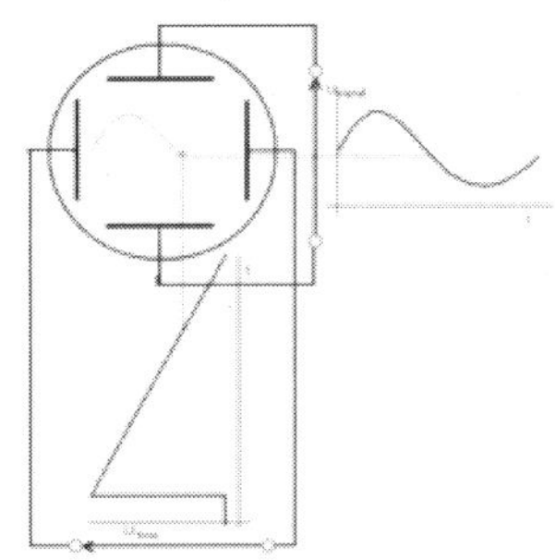

▣ 디지털 스토리지 오실로스코프

[그림 15-6] 디지털 스토리지 오실로스코프

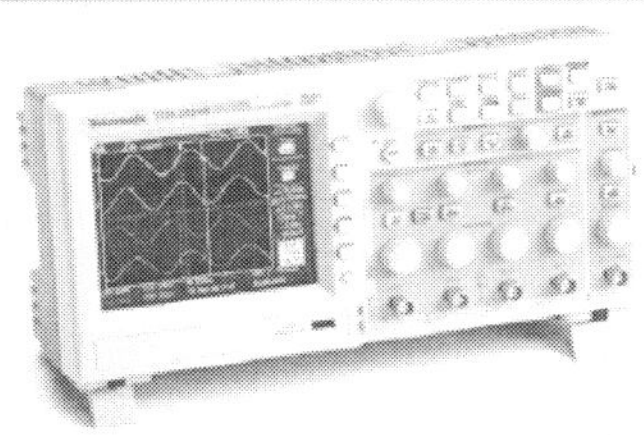

오늘날 산업 현장에는 대부분 디지털 스토리지 오실로스코프가 사용되고 있다. 입력 신호를 받아서 Analog to Digital Converter(ADC)를 통해 디지털로 변환한 다음에 액정 화면에 표시한다. 디지털 스토리지 오실로스코프는 신호 자체를 메모리에 저장할 수 있을 뿐만 아니라 메모리에 저장된 신호 중 일부분 또는 전체를 화면에 나타낼 수 있다. 디지털 스토리지 오실로스코프를 선택할 때에는 Sampling Time 이 상당히 중요한 선택 기준이 된다. Sampling 주파수는 보고자 하는 신호의 최대 주파수의 2배 이상이 되어야 한다. 즉 최소한 2배 이상이 되어야 한다. 우리가 살펴보고자 하는 신호의 최대 주파수가 1MHz 라면 Sampling 주파수는 최소한 2MHz가 되어야 한다. 그렇지 않으면 Aliasing 이라는 현상이 발생하는데 **그림** 15－7과 같이 Sampling 주파수가 신호의 최대 주파수의 2배 이하일 경우 Sampling이 잘못되어 화면에 나타나는 파형이 실제의 파형과 다르게 나타난다. 실제 주파수보다 낮은 주파수의 파형이 나타나게 되는데 사용자가 이런 사실을 모를 경우에 오실로스코프에 속게 된다.

[그림 15－7] Aliasing

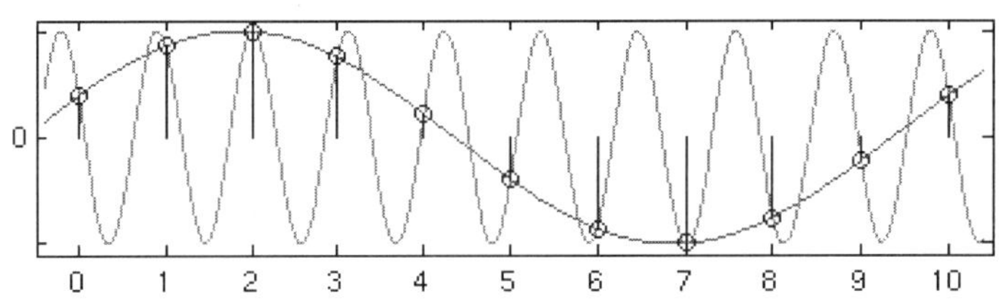

이런 Aliasing 이외에도 가끔 나타나는 돌발성 잡음은 디지털 소트리지 오실로스코프로 잡기는 사실상 어렵다. 따라서 실제로 오실로스코프를 선택할 때에는 관찰하고자 하는 신호가 갖는 최대 주파수의 4 내

지 10배 정도의 Sampling 주파수를 갖는 오실로스코프를 선택해야 안심하고 파형을 관찰할 수 있다.

디지털 스토리지 오실로스코프는 관찰 하고자 하는 파형을 메모리에 저장하므로 이를 보조메모리로 옮겨 영구 보관하거나 이동시킬 수 있고 프린터를 연결해 출력해 볼 수도 있으며 때로는 LAN으로 연결되어 다른 곳으로 전송할 수도 있어서 보고서를 작성할 때 매우 편리하다. 하지만 아날로그 오실로스코프에 비해 상당히 높은 비용 때문에 구매를 망설이게 되며 Aliasing이라는 특징을 이해하지 못하면 잘못된 파형을 관찰하게 되는 단점이 있다.

▣ 프루브(Probes)

오실로스코프 프루브는 오실로스코프에 신호를 입력하는 장치이다. 한쪽은 BNC Connector로 이루어져 있어 오실로스코프에 견고하게 연결할 수 있고 한 쪽은 신호 단자에 연결할 수 있도록 두 개의 입력 단자가 있다. 그 중 하나는 항상 접지에 연결하며 접지에 쉽게 연결할 수 있도록 집게발이 있는데 이를 악어 입처럼 생겼다고 해서 Alligator Clip 이라고 한다. 나머지 하나는 우리가 측정하고자 하는 신호가 나오는 단자를 찍어볼 수 있도록 뾰족하게 되어 있어서 이를 Tip이라고 한다. 이 Tip에 신호를 쉽게 찍어볼 수 있도록 해 주는 다른 장치들을 연결할 수 있다. 다른 단자에 쉽게 연결할 수 있는 고리(Retractable Hook Tip)를 연결해서 많이 사용한다. **그림** 15－8 에서 그 모양을 확인할 수 있다.

10배 감쇠 기능이 있는 프루브도 있어서 프루브 앞 단의 스위치를 이용하여 10배 감쇠를 선택할 수 있다. 오실로스코프는 일반적으로 1MΩ의 입력 임피던스를 갖는데(**그림** 15－9 오른쪽) 스위치를 이용해서 10배

[그림 15-8] 오실로스코프 프루브

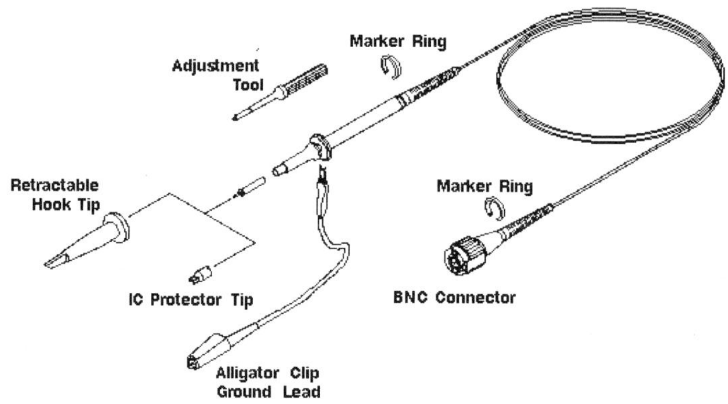

감쇠 기능을 선택하면 프루브 자체에 $9M\Omega$의 저항이 연결되어 입력 신호의 십분의 일만 오실로스코프 입력단에 걸리게 된다. 결국 입력 신호의 1/10 만 오실로스코프에 입력되는 것이다. 이 기능을 이용하면 신호 측에서 볼 때 $1M\Omega$의 입력 임피던스가 $10M\Omega$의 입력 임피던스로 임피던스가 증가하게 되므로 더 정확한 측정이 가능해진다. 입력 임피던스가 클수록 측정을 위해 계기에 흘려주는 전류의 양이 줄어들므로 더 정확한 측정이 가능해진다.

[그림 15-9] 10배 감쇠 프루브와 오실로스코프 입력된 회로

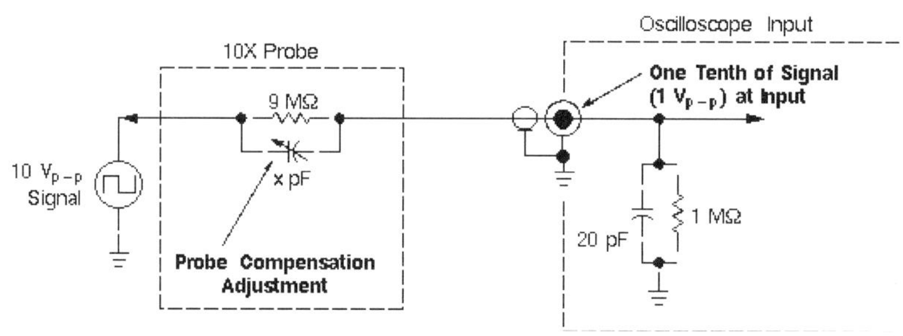

이 기능을 사용할 때는 1/10 크기의 신호가 오실로스코프에 입력되므로 오실로스코프의 눈금을 읽을 때 이를 잘 반영하여야 한다.

오실로스코프 프루브는 캐패시턴스를 갖고 있어서 적절한 보상을 해주지 않으면 교류 신호 측정시에 왜곡된 파형이 화면에 나타날 수 있다. 따라서 오실로스코프에 자체 발생시키는 구형파(Square Wave)를 입력 단자에 연결한 다음 이 구형파의 모서리가 둥글게 되거나 뾰족해지지 않고 제대로 된 구형파가 나오는지 보고 그렇지 않을 경우 프루브에 있는 캐패시턴스 조정 나사를 돌려 깨끗한 구형파가 나오도록 한 뒤에 측정에 임하여야 한다.

[그림 15-10] 오실로스코프 프루브 보상

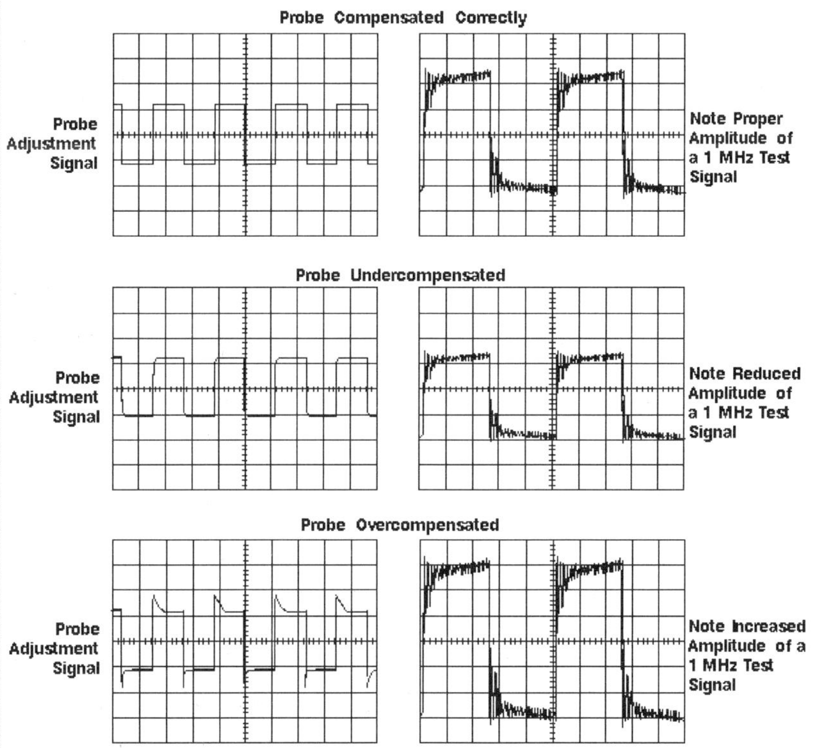

그림 15-10 에 보면 왼쪽 파형이 오실로스코프에서 제공해 주는 보상용 구형파이다. 이 파형을 첫 번째 그림처럼 깨끗한 구형파가 나오도록 하여야 제대로 된 측정이 가능하다. 두 번째나 세 번째 처럼 뭉그러지거나 끝이 튀어나온 파형이 나올 경우에는 오 파형의 모양 및 진폭이 달라져서 정확한 측정을 못하게 된다. 오른쪽에 나타난 파형이 실제 파형을 측정한 예이다. 오른쪽 첫 번째는 정확한 파형인데 두 번째와 세 번째는 진폭이 많이 달라져 있음을 알 수 있다.

▣ 트리거(Trigger)

트리거는 가장 중요하지만 오실로스코프를 처음 접하는 이들이 이해하기 어려워하는 기능이다. 하지만 오실로스코프에서 트리거가 제대로 되어 있지 않으면 여러분이 원하는 신호를 화면에 나타낼 수 없다. 반면에 이를 잘 이용하면 여러분이 보고자 하는 신호를 여러분 입맛대로 볼 수 있다.

Trigger 라는 영어는 우리 말로 '쏘다', '발사하다' 라는 뜻을 지니고 있다. 명사로써 '방아쇠' 라는 뜻도 가지고 있다. 여러분이 총을 쏠 경우 방아쇠를 당겨야 총알이 발사될 것이다. 따라서 오실로스코프에서는 오실로스코프에 입력되는 신호의 어느 부분부터 화면에 나타나게 할 것인지를 결정하는 것이 트리거이다. 입력 신호의 범위가 $-5V$ 부터 $+5V$ 사이인데 여러분이 $+3V$에 트리거 하면 입력 신호가 $+3V$에 이르렀을 때 화면에 나타나기 시작한다. 만약에 $-2V$로 트리거 설정을 하게 되면 신호가 $-2V$에 이르렀을 때 부터 화면에 나타난다. $+6V$로 트리거 설정을 하게 되면 입력 신호에서 $+6V$가 나타나지 않으므로 화면에 아무것도 나타나지 않거나 알아보기 어려운 모양의 신호가 나타나게 된다. 트리거가 되지 않은 것이다. 그림 15-11 은 트리거를 신호의 오르막 경사 3*V*에 설정했을 때와 내리막 경사 3*V* 에 설정했을 때 화면에 나타나는 모습의 차이를 보인 것이다.

[그림 15-11] 신호의 트리거

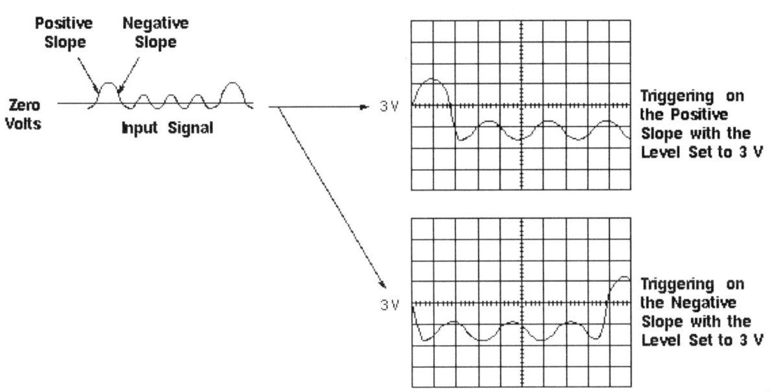

싸인파의 경우 트리거를 적절히 설정하면 화면에 우리가 알고 있는 싸인파의 모습이 나타난다. 하지만 트리거를 제대로 설정하지 못 할 경우 오실로스코프가 트리거를 제대로 못해서 어떤 때는 1*V* 어떤 때는 2*V* 어떤 때는 1.2*V* 에서 제 맘대로 트리거가 되기 때문에 화면에 나타나는 파형의 모양이 시시각각 변하게 되고 우리가 보기에는 그림 15-12 처럼 각 모양이 뒤섞여서 어떤 모양인지 알 수 없게 된다.

이런 현상을 이해하려면 오실로스코프가 화면에 신호를 나타내는 근본적인 원리를 이해해야 한다. 가장 좋은 트리거는 화면에 나타나는 신호의 모양이 마치 정지 신호인 것처럼 나타나는 것이다.

화면에 나타나는 파형의 모습은 전체 파형 중에서 특정한 한 부분만 딱 떼어서 보여주는 것이 아니다. 물론 한번만 트리거 하도록 설정했다면 전체 파형 중에서 한 부분만 딱 떼어서 보여주는 셈이다. 하지만 일반적으로 트리거는 한번만 발생하지 않는다. 오실로스코프에 신호가

[그림 15-12] 트리거가 안 된 신호

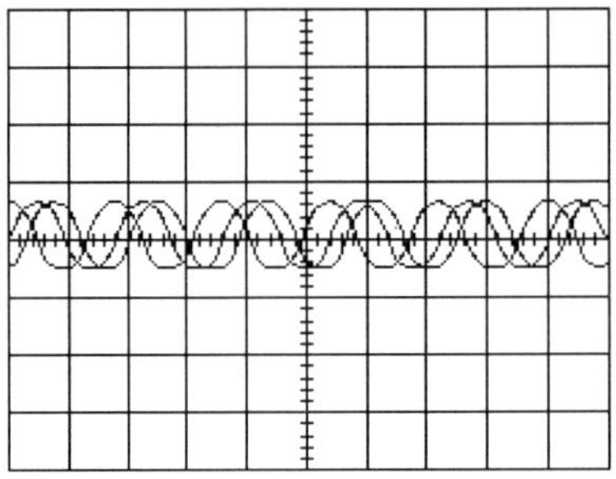

들어오면 트리거 설정 전압에서 신호를 트리거 하여 화면에 보여 줄 수 있는 크기만큼(물론 이 크기는 사용자가 수평 눈금 하나 당 시간 간격을 얼마로 설정했느냐에 따라 달라진다.) 화면에 나타낸다. 그 후 다시 트리거 전압에서 신호를 트리거하여 화면에 보여준다. 그러니까 연속적으로 트리거하여 트리거된 신호를 화면에 뿌려주는 것이다. 따라서 주기적인 신호의 경우에 매번 트리거할 때 같은 전압에서 트리거하지 않으면 트리거할 때 마다 화면에 뿌려주는 신호의 모양이 바뀌게 되므로 사용자가 보는 화면에 나타나는 신호는 화면상에서 이리 저리 움직이는 모습으로 나타나고 결국 사용자는 파형 관찰에 실패하게 된다. 그림 15-12 는 싸인파를 잡은 것이지만 제대로 트리거 되지 않아 무슨 파형인지 관찰하기 어렵다.

▣ 화면 제어

가. 눈금(Scale)

오실로스코프의 화면을 자세히 보면 약 1cm 단위로 매겨진 굵은 눈금과 굵은 눈금 사이를 잘게 나눈 가는 눈금이 있다. 수직 눈금은 전압을 나타내고 수평 눈금은 시간을 나타낸다. 수직 눈금은 volts/div 로 나타내고 수평 눈금은 time/div 라고 표시한다. 이 때 div는 division을 나타내고 굵은 눈금 한 칸을 의미한다. 디지털 스토리지 오실로스코프는 대개 화면 한 쪽 구석에 눈금의 값을 나타내준다.

나. Coupling

오실로스코프 계기판에는 input coupling을 선택하는 기능이 있다. 어떤 오실로스코프는 input coupling을 선택하는 스위치가 있고 어떤 오실로스코프는 메뉴에서 선택할 수도 있다. input coupling은 DC, AC, GND 세가지이다.

DC coupling은 입력 신호를 그대로 화면에 나타내 준다. 즉 입력 신호가 교류 신호이며 그 교류에 직류 성분이 섞여 있더라도 직류(DC)와 교류(AC) 성분을 다 표시하고 싶을 때 DC coupling을 선택한다. **그림 15-12** 의 왼쪽에 나타난 신호는 가운데 수평선이 0 *V*로 설정되어 있고 눈금 하나당 1 *V* 이며 2 *V*를 중심으로 아래 위로 파형이 나타나므로 2 *V*의 직류 성분이 섞여 있는 것으로 판정할 수 있다. 입력된 신호 중에서 DC 성분을 제거하고 AC 성분만 표시하고 싶을 때는 AC coupling을 선택한다. 그러면 **그림 15-13** 의 오른쪽 파형처럼 0 *V*를 중심으로 아래 위로 파형이 나타나게 된다.

[그림 15-13] DC, AC coupling

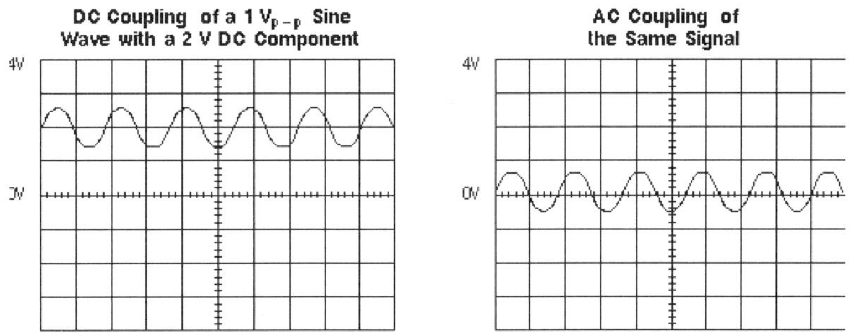

GND 를 선택하면 입력 신호가 무엇이든지 상관없이 화면에 수평으로 줄이 나타나는데 이 줄이 위치한 곳이 0 *V* 이다. 따라서 0 *V*의 위치를 선택할 때 이 기능을 사용하여야 한다. 그림 15-13 처럼 수직 눈금의 중심이 0 *V*일 수도 있지만 경우에 따라서는 위에서 두번째 또는 세번째 눈금 등 사용자가 편리한 곳이 0 *V*가 되도록 지정할 수 있다. 이 경우에 GND를 선택하고 이 때 나타나는 수평선을 원하는 위치로 옮긴다.

다. Math 기능

디지털 스토리지 오실로스코프는 Math 기능을 제공하는 것이 많다. 두 입력 신호를 더하거나 빼는 기능 외에 오실로스코프마다 여러 가지 기능을 제공하고 있다. 그림 15-14 는 두 채널로 각각 들어온 신호를 더하는 기능을 보여주고 있다.

[그림 15-14] 두 입력 파형 더하기

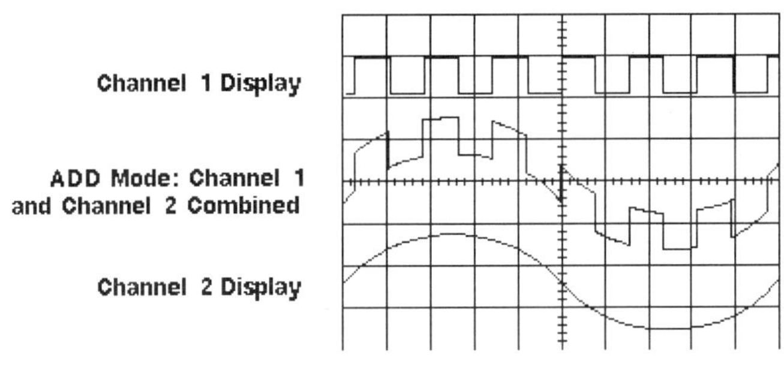

찾 아 보 기

예제로 쉽게 풀어 쓴
전기 전자 원리

2012월 2월 15일 인쇄
2012년 2월 25일 발행

저 자	김선일 · 박종관 공저
발행인	김 우 식
발행처	도서출판 명 진
주 소	서울시 성동구 성수2가 3동 279-39호
전 화	462-3257
팩 스	462-9428
등 록	2006년 11월 20일 제7-322호
E-mail	jybooks@chollian.net
ISBN	978-89-93951-39-4

※ 파본은 교환해 드립니다. 15,000원